月食纪

月子里的76道
美味营养餐

刘潇 \ 著

电子工业出版社
Publishing House of Electronics Industry
北京·BEIJING

未经许可,不得以任何方式复制或抄袭本书之部分或全部内容。
版权所有,侵权必究。

图书在版编目(CIP)数据

月食纪:月子里的76道美味营养餐 / 刘潇著 . -- 北京:电子工业出版社,2015.3
(搜狐吃货书系)
ISBN 978-7-121-25169-6

Ⅰ.①月… Ⅱ.①刘… Ⅲ.①产妇 – 妇幼保健 – 食谱 Ⅳ.① TS972.164

中国版本图书馆 CIP 数据核字 (2014) 第 298408 号

策划编辑:于兰(yul@phei.com.cn)
责任编辑:于兰
印　　刷:北京顺诚彩色印刷有限公司
装　　订:北京顺诚彩色印刷有限公司
出版发行:电子工业出版社
　　　　　北京市海淀区万寿路173信箱　　邮编:100036
开　　本:720×1000　1/16　印张:11.5　字数:234
版　　次:2015年3月第1版
印　　次:2015年3月第1次印刷
定　　价:49.80元

凡所购买电子工业出版社图书有缺损问题,请向购买书店调换。若书店售缺,请与本社发行部联系,联系及邮购电话:(010)88254888。
　　质量投诉请发邮件至 zlts@phei.com.cn,盗版侵权举报请发邮件至 dbqq@phei.com.cn。
　　服务热线:(010)88258888。

编委会名单（按拼音排序）

主编
董克平

执行主编
童 佟

副主编
杨成伟

美食顾问

| 边 疆 | 大嘴米高 | 董振祥 | 二 毛 | 范庭略 | 古清生 | 劳毅波 | 老波头 |
| 李 韬 | 刘广伟 | 食家饭 | 孙兆国 | 王老虎 | 向 东 | 张新民 | |

编委会成员

阿 敏	阿修罗	巴 陵	白 玮	白 煜	曹君晖	陈大咖	陈继铭
陈 蕾	陈一多	大 菜	大吃包	蝶 儿	嘎 兰	高兆蕾	郜 杰
葛世阳	海鲜大叔	韩 韬	韩 伟	黑色幽默	侯胜才	胡 军	黄 乔
黄尽穗	姜龙滨	九色鹿	兰云宇	李 健	李 菁	李孟泽	李文忠
刘宜庆	柳已青	陆 一	罗 志	毛 勇	梦 瑶	茉 莉	沫 沫
潘潘猫	彭 蕊	蒲 芯	齐国晖	祁瀛涛	綦小栋	倪 静	秦少油
秦帅超	上官小鹏	食尚小米	宋 志	孙 敏	孙华军	田 雷	王 晓
王 怡	王少安	王诗武	王颖辉	温州深夜食堂		雯婷茜子	吴 冰
吴茂钊	小可疼	邢学军	徐 媚	许 劼	薛旻锋	嫣 紫	闫 涛
严 艳	阎晓文	杨 光	杨 艳	妖 哥	耀 婕	张 雪	张丹豫
张馨平	张雪天	赵 艳	周 果	祝 俊	Jonny	Nicole	

"搜狐吃货书系"由搜狐新闻客户端吃货自媒体联盟组织编写。

吃喝是一件天大的事

董克平

搜狐新闻客户端吃货自媒体联盟和电子工业出版社策划出版了由搜狐新闻客户端平台上自媒体人写作的一套丛书,作为自媒体联盟的会长,祝贺之外,遵嘱还要写点什么。

人生在世,吃喝算是件大事。古代圣贤说:"王以民为天,民以食为天,能知天之天者,斯可矣。"这段话的意思是国家稳定的基础是老百姓,而老百姓安居乐业的首要条件是吃饭,解决好老百姓的基本需求,才是一个合格的统治者。封建社会里,吃喝这件事与国家命运紧密相连,老百姓的基本需求就是穿衣吃饭,解决好老百姓的基本问题,政体也就基本安定了。社会发展到今天,吃饱饭已经不是问题,吃喝对于现代人来讲,已经从生存层面升华到存在层面,从形而下的为了活下去吃饭,升华到从吃喝中得到生理满足与精神愉悦,从而有了形而上的意义。

古往今来,无论是贫困还是富足,吃喝总是在进行着,虽然"辟谷"的新闻时有出现,但是绝大多数人活下去还是离不开吃喝的。吃喝是恒定的,富足之后人们需要解决的是吃什么、怎么吃、哪里有好吃的等问题了。

20世纪90年代中叶以后,各类美食书籍大量出现,通过阅读纸质书籍获得资讯，为人们觅食提供了方便；进入互联网时代，获得资讯更加便利，打开PC，海量的信息迎面而来，筛选实用资讯成为恼人的乐事；而移动互联网的普及、自媒体的大量涌现，有效地解决了在海量资讯中定制自己所需要的实用信息的问题。按照权威定义"自媒体是普通大众经由数字科技强化、与全球知识体系相连之后，一种开始理解普通大众如何提供与分享他们自身的事实、新闻的途径。"

不同于报纸、杂志、广播、电视等传统媒体，互联网时代每一个人都可以是发布者，每一个观点都可能通过互联网传递到互通互联的每一个角落。移动互联网更让不分时间地点、迅速及时地发布和传递信息成为可能。这其中，美食自媒体提供了大量有意义的、实用的和食物与吃喝有关的资讯，无论是私家菜谱、饮食心得，还是一城一地的风味探寻，为大众解决吃什么、怎么吃、去哪里吃等问题提供了便捷有效的通道。

自媒体有效传播需要一个强有力的助推器，只有这样，自媒体的观点与内容才能传达给更多的受众。搜狐新闻客户端吃货自媒体联盟的成立，把分散的自媒体个体整合成一个集团，利用网站自身超强大的影响力和推广能力，整合自媒体资源强势集体推广。这一渠道的建立，让本来分散的、多数只有地方影响力的自媒体人，拥有了更为广泛的影响力。

这套丛书的出版，展现了自媒体对美食的发掘与探寻，为网友、读者提供了帮助，或许可以成为一部分人的工具书或指南；同时丛书的出版把线上线下勾连起来，自媒体人从网络走进现实，对信息传播和个人品牌都有很好的提升作用。

在此需要提请注意的是，自媒体作为自我意见的表达，每一个观点都是用自己的诚信、良心背书的，内容真实与认真写作是每一个自媒体人必须保证的。

目 录
CONTENTS

产后第一周食谱妈妈身体比较虚弱，平滑有胃口，进食重点在于补血养血，排除恶露。

产后 第一周食谱 010

- 012 2月14日，发现的情人节……
- 014 猪肝菌菇粥
- 016 乌鱼片粥
- 018 竹荪虫草花鸡汤
- 020 玉米须粥
- 022 血糯山药粥
- 024 银耳莲子红枣汤
- 026 乌鸡鸡丝面
- 028 通草乌鱼汤
- 030 陈皮红豆沙
- 032 薏米红枣汤
- 034 桂花桃胶糖水
- 036 酒酿水扑蛋
- 038 滋补鸽汤
- 040 丝瓜鲈鱼片
- 042 番茄烧瓠子
- 044 菠菜烧猪肝
- 046 莴苣牛柳
- 048 昂刺鱼烧豆腐
- 050 麻油乌鱼片
- 052 麻油猪肝

产后 第二周食谱 054

056	2月20日，别碰我的孩子！
058	糯米油饭
060	红枣玉米发糕
062	鱼汤面
064	桂花蜜汁藕
066	红豆酒酿羹
068	牛奶芝麻糊
070	桂花糖芋苗
072	青木瓜瘦肉汤
074	杜仲羊排汤
076	莲藕排骨汤
078	番茄玉米牛尾汤
080	猪肚山药汤
082	鲫鱼豆腐汤
084	胡萝卜炒猪肚
086	高汤苋菜
088	青木瓜灼腰片
090	麻油姜醋藕
092	当归荸荠猪肝
094	芦笋牛柳
096	麻油腰花

产后　**第三周食谱** 098

100　2月28日，讨庆生月子……
102　艾草豆沙团
104　板栗烧鸡
106　海带烧排骨
108　黑豆乳
110　花生炖猪脚
112　麻油鸡
114　木瓜炖雪蛤
116　牛奶炖蛋
118　桃胶银耳雪梨
120　猪脚姜煲鸡蛋

产后　**第四周食谱** 122

124　3月12日，我只要和宝宝晒晒岁月……
126　大煮干丝
128　当归黄芪蒸凤爪
130　蚝油芥蓝
132　花胶鸽蛋瘦肉汤
134　茭白鸡杂
136　木瓜牛奶羹
138　清蒸鳗鱼
140　酒酿水果羹
142　香菇素鸡
144　小米海参粥

针对月子问题的特效食谱 146

问题1：大量失血，面如土色，气短嗓哑
- 148　红豆薏米山药
- 150　鸡血藤红糖煮鸡蛋

问题2：肤色暗沉，色素积累，皮肤有赘生物
- 152　冰糖燕窝
- 154　皂米玫瑰膏
- 156　榴莲壳海底椰薏米汤

问题3：腹部松弛，子宫未入盆归位，肚子大
- 158　山楂粥
- 160　益母草红糖水

问题4：奶水稀、清、少
- 162　王不留行炖猪脚
- 164　公鸡汤
- 166　青木瓜鲫鱼汤

问题5：产后便秘，有宿便
- 168　糙米山药粥
- 170　红薯芋头汤水

问题6：乳汁不下不通
- 172　通草鲫鱼汤
- 174　王不留行乌鸡汤

问题7：腰疼腿疼，关节酸，尾椎痛
- 176　当归羊脊骨汤
- 178　杜仲腰片汤

产后第一周 食谱

/产后第一周,产妇的身体比较虚弱,产道有伤口,进食重点在于补血养血,排除恶露。

从产后第一天起就可以喝生化汤。现在生化汤在母婴用品超市里都可以买到，或在中药铺称好分包，回家煎煮，每日分次饮用，共饮十余天，可以修复子宫，排除恶露，防止血崩。

第一周饮食要清淡，不能急于滋补，否则身体不能吸收。这个阶段重在补充流失的血液，滋养伤口，所以荤菜主要是猪肝、瘦肉、黑鱼和鸽子肉煮的汤水，为了不摄入过多动物油脂，汤面上的油最好撇一下，以免造成油脂堵塞乳腺；不能着急吃鲫鱼、啃猪蹄来下奶，否则会涨而不通引起乳腺炎；蔬菜选择非寒性的常见蔬菜即可。**不能按照老观念，月子里只吃荤不吃素，这样营养会不均衡的，**蔬菜里的纤维和维生素可以很好地帮助新妈妈恢复体力和新陈代谢，烹炒、做汤均可，趁热吃就行，但是不要吃香菜、葱之类味道浓郁的蔬菜，因为气味会渗透入乳汁，宝宝可能会不大喜欢和适应；食物中引入杂粮可以帮助新妈妈通便，增加维生素来源，有些杂粮还有特殊的功效，比如薏米可以排水瘦身美白，红豆可以补血利水除湿。

第一周的头几天产妇消化能力弱，适宜喝粥，顺口、温暖、好消化，但剖宫产产妇则要通气之后才能喝粥，之前只能喝水、生化汤或米汤之类的。对于台湾盛行的胡麻油类菜肴，比如麻油猪肝、麻油腰花、麻油鸡，也要按照顺序来吃。第一周，只吃麻油猪肝，不要觉得乏味，坐月子嘛，饮食总是要小心的。这个时候红糖水可以喝起来了。红糖白糖都是糖，可这种看起来铁锈颜色、充满杂质、未经提纯的原生态糖富含铁、锌等微量元素以及维生素，好味且营养，有补血活血、通行恶露的功效。但不宜喝多喝久，饮用7至10天即可。剖宫产产妇根据伤口修复的情况，可以稍推后几日喝红糖水，否则会淋漓不尽。

发烧的情人节……
2月14日

今天是情人节,我却在病房中度过,没有鲜花香水,因为怕小宝贝过敏;没有蛋糕,因为不能吃;没有首饰,因为怕会刮伤宝贝娇嫩的小脸蛋。

虽说是剖宫产第五天,但伤口还是很痛,痛到不愿意动弹,医生护士要求我勤翻身、下床散步,但我只要稍稍挪动身体,伤口就会撕裂般地痛。护士不断地检查奶水,可惜我总是让她失望,不论如何按摩、理疗、奶泵拔、宝宝吸,就是出不来,终于因为乳腺炎发起烧来。本来就因大量失血非常虚弱,一发烧整个人开始昏昏沉沉地胡言乱语起来,只依稀记得老妈不停地过来摸我的脑门,很着急地念叨:怎么办啊怎么办。她不停地打电话,给外婆、姨妈和自己的老姐妹们,每个人都有不同的通乳见解。挂了电话,她跑出去买了一大包通草回家煲汤,除此之外听说还有一只牛鼻子。

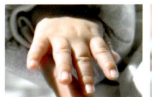

稍稍清醒后,我开始觉得生孩子真是女人一生中最悲哀的事情,要经历各种疼痛、血污、约束,以及机械式的按摩和哺乳。看着镜子里蜡黄蜡黄的脸,毫无血色,布满色斑;奶胀的疼毫不亚于刀口的疼痛;躺着的时候,肚皮松弛无张力地摊在床上,自我感觉就像读书时解剖的大肚子青蛙……我看不到未来,眼前灰茫茫的,为什么我这么沮丧,这么压抑呀?我哭起来,号啕大哭,止都止不住。

医生说,这是激素水平骤降造成的产后抑郁心理,除了家人给予安抚和鼓励外,产妇自己一定要以积极的心态去面对。"可以多想想可爱的宝宝。"医生建议。哦!对,我的宝宝!在这个发烧的情人节里,小宝贝才是我的情人。看着怀里小家伙卖力地吮吸着奶头,吸得满头大汗,哼哼唧唧,小腮帮子一鼓一动的,很享受妈咪温暖乳汁的样子;他的小脸红扑扑的,小鼻子高高的,眉毛黑黑的,眼线很长,以后一定是大眼睛双眼皮,我破涕为笑了,感到浓浓的温暖。宝贝,为娘的一定要努力,做一个合格的妈妈。

傍晚老妈风尘仆仆跑来,带了通草黑鱼汤和另一碗黑漆漆的汤,捏着鼻子给我灌了下去……好臭!后来我才知道那是牛鼻子汤,汤底那些黑黑的是牛——鼻——毛!可话说回来,通草和牛鼻子超级有效,到夜里,我的奶水开始喷薄而出,烧退了,心情也舒畅起来。

猪肝菌菇粥

小时候，我脸色不太好，老妈总拎着我去医院验血，查来查去只是轻微贫血。她大概想女儿面色红润如白雪公主般吧，所以坚持不懈地询问医生如何补血，最后的结果是，家里所有动物的肝脏都被我吃下去。小孩子总是嫌弃肝脏干粉粉的口感，所以吃得很是痛苦。其实如果肝脏处理得好，口感会非常滑润绵软，而且不腥。我的诀窍是：切片前洗，切片后不能冲水；火候控制得当；用米酒去腥；最好用炒，因为烹炒嫩过水煮。

做法

> 切片后就不要再洗猪肝了，洗得越干净，口感越老，而且猪肝上的血含有对产妇有利的铁元素

1. 蟹味菇去根洗净。猪肝洗净，切片。
2. 热油爆香姜片，加入猪肝翻炒至微微发白，倒入米酒，挥发掉腥味。
3. 加入蟹味菇，炒到菌菇变软、猪肝几乎不见血色。加少许盐。
4. 盛出事先煮好的白粥，

   将猪肝菌菇连同汤汁倒入粥中，小火继续熬炖。

   > 隐约见星点血丝时起锅倒入粥中煲至熟透，口感最嫩

5. 煮至粥均匀浓稠，关火。
6. 稍凉凉，就可以吃了。

猪肝	50克
蟹味菇	适量（作提鲜，也可省略）
姜片	2片
胡麻油	适量
米酒	半碗
白粥	1碗
盐	少许

▶ 1 2 3 4 5 6 ▶

乌鱼片粥

家里若是有亲人动手术,总会买了乌鱼炖乌鱼汤,有利于伤口的恢复。乌鱼是食肉鱼,肉质紧实,烹调掌握不好会很柴很老。乌鱼切片,利用蛋清和淀粉可以让鱼肉更弹牙滑嫩;剩下的鱼骨煲汤或煮粥,营养不流失。

做法

1. 乌鱼去内脏,去头,片下两侧鱼肉。鱼骨、鱼头入油锅炸。
2. 将炸好的鱼骨、鱼头加水,放姜片、葱段熬鱼汤。
3. 斜刀将鱼肉切成薄片。
4. 加入盐、蛋清、淀粉、米酒,抓揉均匀,放于冰箱腌半小时以上。
5. 用熬好的鱼汤来煮粥。记得,要把鱼骨、鱼头、鱼刺用筛网滤去。
6. 粥中加入腌好的鱼片,搅拌至鱼片全部发白。
7. 加入切碎的菠菜搅拌至熟,即可关火。

> 蛋清、淀粉可以让鱼肉更滑嫩,米酒可以去除鱼腥味

乌鱼	1条
蛋清	1个
淀粉	1勺
米酒	1勺
大米	1碗
菠菜	适量
盐	少许
姜片、葱段适量	

▶ 1 2 3 4 5 6 7 ▶

竹荪虫草花鸡汤

虫草花性质平和，不寒不燥，可补肝肾，提高机体免疫力；竹荪是山中的"雪裙仙子"，宁神健体、补气养阴；都是非常健康的真菌类，一同煲鸡汤，口味清爽，可帮助产妇恢复元气，稳定情绪，对防止出现抑郁心理有一定作用。

做法

1. 鸡去毛，去颈部皮肤和鸡屁股，加姜片、葱段入锅炖煮。
2. 虫草花与竹荪提前一夜泡清水涨发。待鸡半熟时，加入涨发好的虫草花继续炖煮。
3. 炖煮至汤色变深，再加入涨发好的竹荪继续炖煮 10 分钟。
4. 关火出锅，美味的鸡汤就做好了。

小母鸡　1 只
虫草花　1 小把
竹荪　　10 根
姜片　　适量
葱段　　适量
盐　　　少许

▶ 1 2 3 4 ▶

玉米须粥

月子里产妇最懊恼的就是体形不能在短时间内恢复,哪个女人不想赶走松垮的肚皮和水肿的肢体?玉米须煮粥,清香扑鼻,排水利尿,减肥降脂,还可以保护心脏。玉米须就算拿来泡水,也有很好的排水作用。

做法

> 选择那种没有剥皮的玉米,回家自己剥出新鲜玉米须

1. 大米淘洗干净,鲜(或干)玉米须扎紧,放入水中,一同煲粥。
2. 粥煲好,汤色微微青黄,捞出玉米须弃之。

玉米须 1 把
大米 1 碗

血糯山药粥

中医养生理论认为,五色入五脏,即不同颜色的食物养生保健的功效也不同。一般来说,黑色入肾,黄色入脾,白色入肺,青色入肝,红色入心。而心主血。紫红色的糯米,滋补气血,养颜美肤,增加膳食纤维,与山药一同煲粥,色彩艳丽,补血补气,是帮助产妇恢复身体的最佳粥品。加入红糖或冰糖粉同食滋味更适口。

做法

> 假的血糯米遇水会迅速脱色,米体发白;而真的则需要长时间浸泡后紫色才溶入水,且糯米本身也不脱色

1. 提前一夜浸泡血糯米。
2. 山药去皮切块。
3. 血糯米加水煮至粥汁开始有黏性时,加入山药。
4. 继续熬煮,直到粥浓汁稠、山药粉糯,拌入红糖即可食用。

> 血糯米黏性不大,煮时不用担心糊底

血糯米　1碗
山药　　半根
红糖　　适量

▶ 1 2 3 4 ▶

银耳莲子红枣汤

银耳中含有大量氨基酸,补脾开胃、益气清肠、安眠、美容,且口感润而不腻,男女老少都可以吃,也是女性孕期及产后的理想食材——易于消化,通便,修复伤口。好的银耳炖煮起来胶质很多,汤汁黏稠滑爽,加入红枣、莲子,可以补血安神,平复产妇生产后易于波动的情绪。

做法

> 好的银耳几分钟就能涨到很大体积

1. 银耳入水涨发。
2. 银耳撕碎,放入莲子、桂圆,加水、冰糖,炖煮。
3. 炖煮至汤汁开始黏稠时,加入红枣继续煮。
4. 煮至汤汁黏滑,银耳透明柔软即可。费时大约2小时。

> 也可用高压锅烹饪,只是红枣需提前放入,烹煮过度,红枣会破碎

银耳	1朵
莲子	10颗
桂圆	10颗
红枣	适量
冰糖	适量

▶ 1 2 3 4 ▶

乌鸡鸡丝面

面条是易于消化的主食，鸡脯肉脂肪含量少，蛋白质含量高，乌鸡的鸡脯肉更嫩。给产妇熬一锅鸡汤，煮一碗面条，用鸡汤浇面，将鸡脯肉撕成丝放于面中，又鲜又滑，酣畅淋漓地吃一碗，真是顺口舒服。

做法

> 小仔鸡、母鸡、三黄鸡也都可以

1. 煲好乌鸡汤。
2. 待鸡汤冷却，夹出鸡脯。
3. 煮一碗面条。煮面的时候，把鸡脯撕成鸡丝。
4. 捞出面条，浇鸡汤，放鸡丝，加少许盐，撒葱花、蒜碎。打个鸡蛋或者氽个青菜什么的都可以，看产妇的口味。

> 产妇饮食不宜过咸。不要味精，不要辣椒油

乌鸡鸡汤　1锅
乌鸡鸡脯　1块
葱花、蒜碎 少许
面条　　　1人份
盐　　　　少许

1 2 3 4

通草乌鱼汤

通草是一味神奇的药材,挽救了我的乳腺,喝了两剂通草汤后,数个乳腺齐飚乳汁,难以自制。产后第一周,妈妈们不能急于发奶,奶胀了而乳腺却没通,奶水出来是很痛苦的,过来人都知道,甚至会引发一系列炎症,所以首先要畅通乳腺。这种白色根茎状的中药材味道清淡,煲汤煮水很适口,毫无中药的苦涩,但是只喝水哦,你嚼不动通草的。

做法

> 选购乌鱼要看颜色,草绿色非人工养殖,脂肪少,鱼肉弹牙。乌鱼鳞小而密,买回后要再次清理(注意眼睑处也有鳞)

1. 乌鱼去鳞净膛。
2. 鱼切段,热油炸至鱼皮发白,将姜片、葱段同炸爆香。同时汤锅烧开水。

> 提前烧开水,为了保证炸好的热鱼可以立刻入沸水,鱼汤才能煮得白

3. 炸好的鱼立刻放入烧开水的汤锅中,水开后加入通草,转小火炖煮。
4. 炖至汤色奶白、鱼肉酥烂即可。

> 通草可事先用纱布包好放入,煲完汤取出丢掉

乌鱼	1条
通草	5克
姜片	适量
葱段	适量

▶ 1 2 3 4 ▶

陈皮红豆沙

红色的食物能补血,这是大家的共识,如红豆、红枣、血糯米、猪肝。陈皮红豆沙是道广东甜品,男女老少皆宜,适合秋冬季滋补,温暖绵糯,一口下去,齿留清甜。红豆富含B族维生素、蛋白质和矿物质,可补血、利尿、消肿,促进心脏活力,吃多点也不怕胖,还能迅速帮新妈妈恢复红润气色,排除多余水分。

做法

1. 红豆洗净,清水提前浸泡一夜。
2. 红豆充分吸收水分后个体变大。稍加水,入陈皮大火烧开转小火,放冰糖。
3. 汤汁逐渐变稠,注意搅拌,防止煳底。
4. 煮至红豆开壳出沙。趁热食用。

> 直接用干豆也可以,只是煮的时间要长一些

> 陈皮可以去中药铺买,越老品质越好

> 红糖调味也可,只是红糖的味道会稍盖过红豆陈皮

红豆　1碗
陈皮　3~4条
冰糖　适量

▶ 1 2 3 4 ▶

薏米红枣汤

薏米是杂粮，富含B族维生素，可促进子宫收缩，帮助子宫恢复，且利水、健脾、美白肌肤，还能避免身材臃肿。不仅新妈妈在整个月子里要常吃薏米，所有爱美的姑娘都要常吃哦。红枣能改善虚弱体质、补血安神、补中益气、养胃健脾。记得我月子的时候没事就拿红枣当零食，喝薏米糖水，出月子后瘦了20斤，色斑还淡了很多呢。

做法

1. 红枣去核，切片。
2. 薏米淘洗干净（薏米要提前一天泡好），注水，加冰糖、红枣同煮，大火煮开后转小火。
3. 煮至薏米软烂，大枣几乎化掉即可。

薏米　1小碗
红枣　适量
冰糖　适量

桂花桃胶糖水

桃胶是桃树树干上的分泌物。一到夏天，就可以看到桃树树干上一骨朵一骨朵的琥珀般的凝结物。只有桃树的树胶可以吃哦。桃胶本身没有什么味道，辅菜什么滋味桃胶也就会烹饪成什么滋味。据说一盘桃胶菜所用的桃胶需要5棵桃树才能摘得到。动物的胶质是蛋白质，而植物的胶质是多糖一类，零脂肪，滋补养颜，润滑关节。和蔓越莓同煮，撒上桂花，口口花果香。

做法

> 桃胶至少要涨发一夜。涨发后体积膨大显著。如果涨发水分被全部吸收，需要再加清水

1. 桃胶提前一夜用清水浸泡。
2. 捡去杂质，加水、冰糖和蔓越莓，小火炖煮至桃胶柔软、入口即化。
3. 食用前撒些干桂花。

> 暂时没有吃完的桃胶可泡清水储存于冰箱，每日换水，能保存一周的时间

桃胶	20 克
蔓越莓	10 颗
冰糖	适量
干桂花	少许

▶ 1 2 3 4 ▶

酒酿水扑蛋

在国内很多地域和民族的传统里,米酒(酒酿)都是产妇必需的滋补品,特别在台湾人民的月子餐单中,不仅做菜煲汤要用到米酒,连洗头都会用。发酵后的糯米就是酒酿,有各种微量元素和氨基酸,可补充产妇所需的营养,防止腰酸腿痛,驱赶湿寒之气,还能下奶。酒酿的好滋味大家都知道,夏天来一碗冰镇的别提多爽了。可是产妇只能吃沸腾后的热酒酿,挥发掉酒精,不会影响乳汁。

做法

1. 锅里烧水,放一个大汤勺,大火煮沸时在勺内打入鸡蛋。
2. 蛋煮到八成熟。
3. 舀入酒酿,再倒些酒酿汤汁,再次煮沸,锅中会腾起很多气泡。
4. 待气泡消失,即可关火,盛出食用。

> 顺序很重要——先打蛋再煮酒酿。若先煮沸酒酿再打蛋,久煮后酒酿发酸,吃起来会腻口

> 若觉得甜味不够,可以加红糖调味

自然发酵酒酿　1大勺
柴鸡蛋　　　　2个

▶ 1 2 3 4 ▶

滋补鸽汤

鸽肉嫩滑,易于消化,对病后产后的身体虚弱有补益作用。虽然我超爱乳鸽的脆皮多汁,但是对于产妇,它的烹饪方法只有做汤,煨到骨肉酥烂,皮下一包汁水,拉开鸽子腿就能吸到。这款加入红枣、枸杞、菌菇和少许杜仲粉的鸽子汤有滋补的功效,菌菇增加膳食纤维,红枣补气补血,杜仲帮助恢复收缩骨盆和关节,防止腰痛,非常适合体虚的产妇食用。

做法

1. 鸽子去毛净膛，放入高压锅，加入姜片、葱段、红枣、枸杞、菌菇和杜仲粉，加水没过鸽子，加少许盐，盖上盖子大火煮。

   > 内脏留着一起煲汤

   > 一小勺即可，因粉质粗糙，加多了口感不好

2. 高压锅开始嘶嘶响的时候转小火煮 25~30 分钟。
3. 关火，冷却，排气后揭开锅盖，即可食用。

鸽子	1 只
红枣	适量
枸杞	适量
菌菇	适量
盐	少许
杜仲粉	1 小勺
姜片、葱段	适量

▶ 1 2 3 ▶

丝瓜鲈鱼片

丝瓜是通乳的蔬菜；鲈鱼滋补身体，吃多了又不用担心营养过剩，是非常适合产后初期食用的鱼类。丝瓜与鲈鱼同烩，汤汁浓稠，丝瓜清爽，鲈鱼鲜美滑嫩，如果再有好的刀工可以去掉鱼刺的话，产妇吃起来更是毫无负担。

做法

> 鲈鱼也可以整条烧，只是吐刺不方便

1. 鲈鱼去鳞去内脏，丝瓜去皮。
2. 片下鲈鱼两侧鱼肉（留鱼骨），鱼肉斜刀片去腹部大刺，再斜刀切片。鱼片加蛋清、淀粉抓腌。
3. 姜切片、葱切段，与鱼骨一同放入热油中同炸。
4. 两面均炸至鱼皮呈金黄色，倒入适量开水，淋入米酒，盖盖子焖煮。
5. 鱼汤奶白、鱼骨疏松时捞出鱼骨架和姜片、葱段，加入滚刀切块的丝瓜及少许盐。
6. 煮开后，加入鱼片，翻炒至鱼片发白即可出锅。

鲈鱼	1条
丝瓜	1根
蛋清	1个
淀粉	适量
米酒	适量
盐	少许
姜、葱	适量

▶ 1 2 3 4 5 6 ▶

番茄烧瓠子

这是一道纯素菜。老辈人保持传统的月子饮食观,认为月子里只吃肉不吃蔬菜,这是有失偏颇的!不论任何时期,饮食均衡都是最重要的,只是月子里产妇需要的蛋白质略多些而已。番茄,滋味酸甜,生津开胃,其中的茄红素对身体的益处更是多多;瓠子,《唐本草》载,瓠子能通利水道,止渴消热,《食物本草》中也说瓠子有主利大肠、润泽肌肤的作用,且瓠子性平,非寒性蔬菜,产后新妈妈可以放心食用。

做法

> 番茄不去皮哦,营养的茄红素都在皮中

1. 瓠子去皮,番茄去蒂,均切块。
2. 炒锅热胡麻油,入番茄翻炒,茄红素在油脂中溶解出来。
3. 待番茄稍稍出水,即可加入瓠子,然后加水,放少许盐,炖煮片刻。
4. 待煮至瓠子软烂入味即可关火出锅。

瓠子　　半根
番茄　　1个
胡麻油　适量
盐　　　少许

▶ 1 2 3 4 ▶

菠菜烧猪肝

小时候我不爱吃菠菜，一直质疑大力水手偏食严重，怎么会喜欢上这种味道甜不甜咸不咸的蔬菜？长大了有次在朋友的菜园子里收获了新鲜的菠菜，回家和猪肝做了个汤。热腾腾地喝下去，柔软的菠菜和薄嫩的猪肝让我欲罢不能，瞬间改变了我对菠菜的看法。菠菜富含叶绿素、维生素C、胡萝卜素、蛋白质，以及铁、钙、磷等，与补血的猪肝同烩，荤素搭配，蛋白质、纤维素一个都不少。

做法

1. 猪肝切片，热胡麻油，加姜片、猪肝片爆炒，淋少许米酒，翻炒至猪肝只见少许血丝，离火放一旁待用。（油爆猪肝比水煮猪肝要嫩，胡麻油爆猪肝，非常适合产妇食用）

2. 菠菜洗净，（菠菜事先用开水烫一下，去掉部分草酸，提高钙的被吸收率）去红根，入油锅翻炒，加少许盐，再投入适量蟹味菇同炒。（可以不加，它只是起天然味精的作用，且丰富食物组成）

3. 炒至菠菜出水、体积收缩的时候，加入刚才煸至半熟的猪肝。

4. 炒到猪肝完全不见血丝，即可出锅。

菠菜	1把
猪肝	半片
姜片	适量
蟹味菇	适量
胡麻油	少许
米酒	少许
盐	少许

▶ 1 2 3 4 ▶

莴苣牛柳

莴苣可以清热利尿、通脉下乳,烹饪口感可清脆爽口,可绵软多汁,是非常适合产妇食用的蔬菜。但是产妇只能吃熟热的莴苣,千万不能吃生的和凉拌的。牛肉含人体所需多种氨基酸、蛋白质、脂肪、糖类、B族维生素、钙、铁、磷等成分,有补脾和胃、益气增血、强筋壮骨之功效。牛柳与莴苣同炒,牛柳多汁鲜嫩,莴苣脆爽可口,既好看又好吃;而且自家做牛柳不会上色或加嫩肉粉之类的添加剂,吃得更健康。

做法

1. 沿横向肌肉纹理将牛柳切条。
2. 加小苏打、盐、生抽、米酒,抓捏均匀,放于冰箱腌渍半小时。
3. 腌的同时洗莴苣、刨皮,茎滚刀切块。〔莴苣叶子营养高过根茎,不宜弃去〕
4. 热油爆炒牛柳。〔牛柳用小苏打腌过,肉感嫩滑,但不宜久炒,否则会回到柴紧的肉质〕
5. 翻炒至牛肉大部分发白,加入莴苣同炒,加少许盐,放2勺糖。
6. 炒至莴苣叶软、出汁,即可熄火。〔出锅前勾薄芡更好看,而且淀粉可以包裹住蔬菜的维生素C和牛肉的汁水〕

牛柳	100克
莴苣	1根
小苏打	2~3克
生抽	1勺
米酒	1勺
糖	2勺
盐	少许

▶ 1 2 3 4 5 6 ▶

昂刺鱼烧豆腐

昂刺鱼也叫昂公、黄辣丁、黄鸭叫，可利尿消肿，且有益脾胃。这种鱼肉质鲜美，口感滑嫩，抿抿就能下咽，鱼刺规律而少，炖汤、红烧、清蒸都好吃，而且容易消化，特别适合孩子、产妇、孕妇食用。和豆腐一同炖汤，滋味鲜美，钙质丰富，汤色乳白，一不留神两条鱼就轻松干掉了。

做法：

1. 汤锅烧开水，同时煎锅倒油烧热。
2. 两面煎鱼至金黄色，放入姜片、葱段同煎。
3. 待汤锅水烧开，将煎好的鱼从煎锅立即拿出放入汤锅，大火烧至水开转小火。
4. 小火炖 15 分钟后加入事先切好的豆腐块，继续炖 15 分钟，即可盛出饮用。

> 热鱼入热水，这样熬出的汤汁才浓白。汤炖得越白说明鱼的蛋白质和不饱和脂肪乳化得越好，越利于产妇吸收

昂刺鱼	2 条
嫩豆腐	1 块
姜片	适量
葱段	适量

▶ 1 2 3 4 ◀

麻油乌鱼片

从隋代起，我们就开始用胡麻油来坐月子了。胡麻是张骞从西域带回的种子，后在中原广泛种植，富含不饱和脂肪酸和维生素。《本草纲目》记：胡麻有补五脏、益气力、长肌肉、填髓脑、轻身、不老、坚筋骨、明耳目、利大小肠、润五脏、黑白发、补虚、消风、破淤、通经之功效。胡麻油能够补铁补血，润燥通便，还能促进新陈代谢，温暖子宫，对产妇身体的恢复有极好的作用。台湾人延续了古代胡麻油坐月子的传统，产妇坐月子期间吃的所有菜肴都要用胡麻油烹饪，并且配合客家酿制的米酒，使驱寒暖宫、排除恶露、补血养身的效果更是得到升华。这款麻油乌鱼片，因为用料为乌鱼，所以在产后初期有复原伤口的功效。

做法

> 选择草绿色的乌鱼，脂肪少

1. 乌鱼去鳞净膛，片下脊骨两侧的鱼肉，斜刀切鱼片。
2. 加蛋清、淀粉和少许盐抓腌，放于冰箱腌渍半小时。
3. 炒锅热胡麻油，加入姜片爆香，倒入鱼片。

   > 如果买不到胡麻油，可以用压榨黑芝麻油，但白芝麻油不可以

4. 大火翻炒，加米酒、醋和糖调味。
5. 炒至鱼片全部发白且皱缩、米酒汤汁浓稠时，即可出锅。

乌鱼	1条
蛋清	1个
淀粉	1勺
姜片	2片
米酒	半碗
胡麻油	适量
盐	少许
糖、醋	1大勺

麻油猪肝

麻油猪肝，是产后第一周食谱的压轴菜，产妇必须要在第一周内反反复复不厌其烦地吃。它可以迅速补充生产流失的血液，并排出子宫淤血恶露，帮助子宫收缩，使因妊娠而膨胀到巨大的子宫恢复正常大小。还记得我刚生产完，面如土色，肚子还像是5个月那么大。如果不是坚持不懈地吃麻油猪肝，何来今日靓丽容颜！

做法

1. 先清洗猪肝的外表，再切薄片。 *买肝尖儿，比较嫩* *切开猪肝后就不要再洗了，一营养物质洗没了，二越洗越嚼不动*
2. 胡麻油爆香姜片，加入猪肝片翻炒。
3. 炒至大部分猪肝发白的时候倒入米酒，加少许盐，继续翻炒。
4. 炒至米酒汤汁浓稠、猪肝熟透完全不见血丝即可。

猪肝	半片
姜片	6~7片
米酒	半碗
胡麻油	适量
盐	少许

▶ 1 2 3 4 ▶

产后 第二周 食谱

/ 经历了第一周生产伤口的修复,以及机能的逐渐复原,新妈妈们要开始执行自己的产奶使命了!从痛苦地疏通乳腺,泌出稀少的初乳,逐渐过渡到乳汁流畅,满足宝宝的需要,这个过程中妈妈们的饮食不仅要注意为自己补血补身,更要以催奶、下奶为主要宗旨。

很多新妈妈会经历胀奶的痛苦，这种痛苦甚至会持续数月之久。有个姐妹跟我说：出了月子就迫不及待地和老公出去看电影，结果电影看到一半，乳房胀到如铅球一般，又疼又重，无法坚持，只有赶回家哺乳。这种时刻不离、随叫随到的辛苦，所有的新妈妈们都会感受到。月子里哺乳还是件令人疲倦的事情（当然也很幸福），白天尚可，到了夜里，妈妈爸爸要睡觉了，小宝宝还不能睡整夜，两三个小时就肚饿哭闹，妈妈责无旁贷，只有起来哺乳。这种打破睡眠节奏的疲倦会导致妈妈心情低落，进而引发产后抑郁。所以新爸爸们要多体谅多分担些，不要只顾自己睡觉，比如可以帮着热热冰箱里存的母乳给宝宝喝。

保证乳汁充盈，水分少不了，所以饮食要以汤水为主。增加乳汁分泌的蔬果肉类主要有：木瓜，尤其以青木瓜为好；鲫鱼，煲汤到雪白最好；猪脚煲汤，喝汤食肉，再配合一点王不留行这味中药，乳汁立刻翻倍。但是，木瓜有季节性，且青木瓜难买；炸鱼煲汤和大啃猪脚，会让很多妈妈忧心无法恢复身材。我不主张传统的只吃荤不吃素的坐月子习俗，有一些常见素食也可以发奶哦，比如酒酿、丝瓜、芝麻、茭白、黄豆、花生，和肉一起煲汤，充足奶水，且健康低脂。在第二周里可以不必急于吃猪脚，因为身体可能无法吸收，可以先从鱼类和蔬菜吃起。当然，最好的发奶剂是有个好心情！

此外，第二周还是要遵守第一周的主旨——补血修复，恢复子宫，并且要开始注意防止腰酸背痛的现象。新妈妈常常在第二周开始出现腰疼的现象，比如不能久坐，坐硬板凳超过10分钟就会腰痛，走路甚至都会痛，这是肾亏、孕期负重以及钙质流失造成的骨盆和腰背部劳损，除了要衣着保暖、坐时垫软垫外，还需要从第二周开始饮用杜仲煲的汤，这样可以有效地治愈腰痛症状。

第二周饮食还有一个重要的目的就是收缩骨盆和子宫。主餐从麻油猪肝换成麻油腰花，也是因修复重点转移到强筋骨补肾气上的缘故，多吃些猪腰，可以帮助脏器归位，促进子宫收缩，紧致子宫与骨盆间的韧带，肚子才收得回来。记住——麻油腰花是第二周主打菜品，坚持多吃！

别碰我的孩子！
2月20日

　　为什么已经春天了却还阴雨不断，终日不见太阳；为什么我只能躺在床上，关在屋子里拉着窗帘做喂奶机器；为什么我的脸还是那么难看，肚皮松得好像还能生一个，体重依然惊人；为什么我不能天天洗澡洗头；为什么我老腰疼；为什么我不能吃肯德基麦当劳，不能看电视玩手机；为什么只有我一个人……没人和我说话……何日结束……为什么……

　　大家开始说我抑郁，想不开。可我觉得一切都有问题，我的身体、工作、未来等等一切。生育怎么会对一个女人产生那么大的影响？我好像失去了曾经拥有的一切，没有自由，没有生气！我不认识镜子里这个头发如鸡窝般凌乱、面无表情呆若木鸡的女人。我不是不喜欢我的孩子，小宝贝睡在我身边的时候我觉得很踏实，安心地数他

的长睫毛，拨弄他的小手指。可是他一哭，我就也想哭……他什么时候才能对我笑笑，跟我说话，喊我妈妈，我觉得我好孤独。

亲戚朋友来家里看孩子的时候，我总是不自在，我不喜欢别人看到我这副邋遢样，更不喜欢他们不停地摸我的宝贝，或者把他强抱起来，甚至弄醒他要他睁开眼看一看。手上有多少细菌啊，万一传染给孩子怎么办；不是所有的人都会抱孩子，他那么柔软娇弱，万一伤了他的脊椎怎么办；弄醒他干嘛，影响他睡觉就是影响他的大脑发育啊。有一次我对一位来访长辈说，"别碰我孩子！"老妈很不高兴，说我不懂礼貌。我控制不住，没有人理解，我这也是为了保护宝贝啊，他太小了。

我知道老妈不高兴我这样对外人充满敌意，但是她不敢多说，因为现在的我神经敏感，易哭，她怕我落下病根。我腰疼，她特地去中药铺子买来大包的干艾草，煮水给我熏眼睛、捂腰腿。每一天的每一餐，老妈都换着法子做，猪肚、猪腰、鲫鱼、猪脚、木瓜、牛奶、酒酿和红糖……炖的炒的蒸的，荤素搭配，色彩搭配，只为保证女儿每日三餐和下午茶、消夜都不重样。虽然我怕胖想瘦身，吃不下那么多，可是她那么用心，我每次都感动得想哭。

值得安慰的是我的奶水尚可，乳腺通畅不发炎，乳汁稍有盈余。

糯米油饭

第二周就要开始吃油饭了,名字听起来油腻,其实就是以糯米为主的蒸菜饭。菜肴荤素搭配,有腿的没腿的地里长的水里游的最好都齐备,保证营养丰富。有的产妇担心,糯米难消化,其实糯米富含B族维生素,可以让脏器归位,在第二周开始吃最适合不过。只要做得柔软适口,少食多餐,对身体是大有益处的。

做法

1. 糯米洗净,提前一晚浸泡清水,否则难熟。
2. 准备豌豆,香菇、瘦肉切开。
3. 炒锅热胡麻油,放入豌豆、香菇、瘦肉翻炒至七成熟,加少许盐。
4. 将炒好的菜连同干虾米一起拌入泡好的糯米中,淋一小杯水。 _{这步很重要,这样蒸出的饭更柔软}
5. 入蒸锅,用大火蒸 20 分钟至米饭熟透。
6. 关火,盛出即可食用。 _{每次只蒸一人份,这样不至于下次还要吃隔夜饭}

圆糯米	1 碗
豌豆	1 把
香菇	3 朵
瘦肉	少许
无盐干虾米	1 把
胡麻油	少许

▶ 1 2 3 4 5 6 ▶

红枣玉米发糕

小时候我常常诧异为什么爸妈热衷于吃面食，说有麦香。麦香是什么？为什么不爱好吃的肉香而偏爱麦香呢？长大后才发觉荤腥之味反倒腻喉，而麦香、米香却更显朴实。加入红枣、玉米面的发糕补血益气，其中的膳食纤维还能帮助通便瘦身。早餐或下午茶时，松软的发糕搭配一杯热热豆浆或者牛奶，一天都会有好心情。

做法

> 一定选择无铝泡打粉

1. 将大米粉、玉米面和泡打粉称量好。
2. 开水化糖，冷却后加入酵母化开，倒入混合粉中搅匀。
3. 倒入圆模中，插入红枣（若是大枣，可对半切开）。
4. 蒸锅烧开水，关火，放入圆模，发酵 2 小时。发酵完毕用大火蒸 20 分钟，脱模。

> 如果期间蒸锅冷却，再开小火热一下，温度一定要控制在 40 度左右

玉米面	110 克
大米粉	110 克
泡打粉	2 克
水	180 克
糖	30 克
酵母	2 克
红枣	适量

▶ 1 2 3 4 ▶

鱼汤面

家里煮鱼的鱼汤太多喝不完的时候,给产妇下一碗面条,点少许盐调味,再撒一点葱花、蒜末,即刻成为月子里最受欢迎的主食。雪白浓稠的鱼汤清甜鲜美,面条爽滑劲道,吃着舒服,又能饱腹,最最重要的是还能充裕奶水。

做法

> 鱼汤要新鲜,滋味才鲜甜

1. 上火热鱼汤。用另一只锅烧开水,放少许盐,下面条。
2. 水滚后淋一碗冷水,再次水滚后关火,捞出面条。
3. 热鱼汤浇面身,食用前撒点葱花、蒜末。

鱼汤　　1碗
面条　　1人份
盐　　　少许
葱花、蒜末少许

桂花蜜汁藕

金秋十月,轻轻抖落桂花树梢上的一丛鹅黄,阴干或腌渍成桂花蜜,那甜蜜的秋天味道就算是留住了。食用的桂花不能洗,水一洗就丢失了香味,所以食用桂花对桂树生长环境要求很高。这道桂花蜜汁藕是餐桌上的家常美味冷盘,而用红糖熬煮趁热吃,就变身成了美味的月子餐。藕和糯米都有通乳下奶、补中益气、温脾暖胃、止汗补虚的功效。

做法

> 一定是糯米，大米冷却后失去黏性，很难吃；一定要浸泡 5 小时以上，不然很难煮熟

1. 洗净糯米，泡水过夜。（圆糯米可以填充得比较密实，而长糯米则较松散但好煮熟，看自己的口味需求。）
2. 切开藕头，藕头留做盖子。糯米填满藕节的空隙。

> 把藕节竖起卡在锅里，用勺子将糯米舀放在切面上，拨动勺子并敲叩藕节，糯米即可落入藕孔中

3. 盖上藕盖，用至少两根牙签固定。
4. 把藕放置于锅内，水没过藕节，放红糖，盖上锅盖小火煮。过一段时间后，用竹签戳藕节，一戳就穿说明煮熟了，否则继续煮。我用的这只炖锅密封性、保温性好，煮了约 1 个半小时就好了。
5. 稍冷，拿出切片。取一点煮藕的甜汤，加藕粉调匀做芡汁，再撒一把桂花，香喷喷地淋在藕片上即成。

藕	2~3 节
糯米	1 碗
红糖	适量
藕粉	1 包
桂花	少许

红豆酒酿羹

　　月子里的饮食也要多样化,除了主食、汤类、炒菜外,餐间甜点也要适量搭配,可以改善产妇心情,但是要注意选用有利于产妇的食材。老妈在我生产之前就去南京最著名的老字号甜食店买了五六份酒酿,用盒子分装密封冷冻好,月子里就不用着急去买了,稍稍化冻入锅即可。酒酿可以提供产妇必需的维生素,帮助恢复身体,更能产奶下奶,但注意产妇只能吃热的。这道红豆酒酿羹用藕粉来调和浓稠,口感十分绵柔。

做法

1. 红豆提前一夜浸泡。
2. 加水炖煮至起豆沙,豆皮脱落。
3. 加入酒酿,连酒酿汤汁一同加入,再次煮沸。
4. 藕粉调冷水,一边搅拌一边加入到红豆酒酿汤中。小火炖至汤汁黏稠,即可出锅食用。

> 不用再加糖,酒酿够甜了。产妇尽量少吃过重口味的食物

红豆	1小碗
酒酿	1小碗
藕粉	半包

▶ 1 2 3 4 ▶

牛奶芝麻糊

芝麻也是增加乳汁的食材之一,可以请卖杂粮的作坊把香喷喷的黑芝麻和核桃仁打磨成粉。这些坚果不像葵花籽卡路里那么高,又不像杏仁多吃有毒性,它们富含的不饱和脂肪酸在体内可转化为 DHA,是很多妈妈梦寐以求要补充给宝宝的,不仅强健视力,还能促进大脑发育,让孩子更聪明。DHA 是可以大量存在于母乳中的,所以新妈妈一定要多吃坚果。芝麻核桃与牛奶一起做糊,温暖香浓,蛋白质丰富,且易于消化吸收。

做法

1. 牛奶烧热。〔不要高温沸腾,破坏营养〕

2. 加入芝麻核桃粉,搅匀。

3. 快要沸腾时转小火,加入冷水调匀的藕粉,煮至黏稠即可。〔调入藕粉是为了增加黏稠度,否则芝麻核桃粉会沉底,影响口感〕

芝麻核桃粉	1 大勺
牛奶	200 毫升
藕粉	半包

桂花糖芋苗

芋艿含有糖类、膳食纤维、维生素B群、钾、钙、锌等，口味也很讨喜，丰富的纤维和钾离子可以滑肠通便，并且保护心脏。用红糖、藕粉、桂花一同料理，不仅滋味甜蜜芬芳，口感软糯滑顺，还能帮助清除淤血、通乳下奶。即便不加红糖，也是一道非常可口的甜食，是南京人传统的甜点。

做法

> 挑选芋艿要选择圆形而非长形的，长形芋艿上芋艿环多，纤维老粗，不够滑糯

1. 洗净芋艿，撕掉毛根。
2. 放入开水中煮5分钟，冷水冲凉后剥皮。
3. 太大的芋艿要切开，加水，放入适量红糖，煮10分钟。
4. 藕粉加冷水调匀。
5. 待水烧开，将调好的藕汁倒入芋艿红糖汤中，搅匀。
6. 转小火煮至汤汁浓稠后关火，盛出，撒入干桂花即可食用。

芋艿	10颗
藕粉	1包
红糖	适量
干桂花	适量

▶ 1 2 3 4 5 6 ▶

青木瓜瘦肉汤

青木瓜是下奶食材，除外形像乳房外，削开青木瓜的皮，流出白色的汁液，更像极了乳汁。木瓜可以丰胸下奶，而且木瓜中含有酵素，利于分解食物，促进消化，排出身体毒素。加入海底椰和瘦肉一同蒸炖是广式的烹饪方法，原汁原味，口味清淡，营养丰富。海底椰滋阴清润、清心安神、润肤养颜，非常适合女性饮用。

做法

1. 瘦肉切丝，青木瓜切片。
2. 放入碗中，加入姜片、米酒、海底椰，加水没过食材，放入高压锅蒸篮。
3. 入高压锅以高压炖 20 分钟，排气出锅。将海底椰挑出不吃。

> 常压也可以，炖煮到青木瓜熟烂即可

青木瓜	半个
瘦肉	少许
海底椰	少许
米酒	1 杯
姜片	适量

▸ 1 2   3 ▸

羊排	半斤
杜仲粉	1小勺
姜片	5片
葱段	适量
米酒	1杯
枸杞	适量
盐	少许

杜仲羊排汤

杜仲平时作为壮阳中药,因具有补肾气、强筋骨之功效,男性服用较多。而女性经过怀孕生产,腰背劳损,肾亏骨痛,不能久坐久站,也需要杜仲来滋补身体。杜仲常常磨粉出售,但烹饪时不易放过多,因粉质粗糙,入喉不适。羊肉补虚抗寒、补养气血、温肾健脾,是非常适合产妇食用的肉类。杜仲羊排汤,是很典型的可以食疗产妇腰腿疼痛的菜肴,有这种症状的妈妈一定要喝。

> 杜仲粉不要放太多。多余的杜仲粉可以去药房灌装成胶囊每日一粒服用

做法

1. 羊排洗净，焯一遍滚水去掉血沫，再次入锅，加入姜片、杜仲粉、枸杞、米酒、葱段和水，高压锅煲半小时。
2. 关火，冷却后排气开盖，羊排骨已酥烂入味，趁热食用。

莲藕排骨汤

小时候看过一部动画片《鱼盆》，片中老爷爷打捞上来一个画着荷花的破鱼盆，夜晚荷花里长出一个小神童，帮助老爷爷和乡亲们打倒了恶霸财主。我问妈妈，为什么神童是从荷花里长出来的？妈妈说，荷是个好东西，不仅花美、出淤泥而不染，而且莲子和藕都能吃，解暑去毒，所以它里面长出个神童宝宝不奇怪啊。无知天真的小朋友就这么被"糊弄"过去了。中医讲究的以形补形是有一些实物支持的，比如藕，多孔乳白、通乳下奶。此外，它富含的营养物质能健脾益胃、润燥清热、行血化淤，产妇食用大有益处。

做法

> 选择粉面口感的藕，藕节圆粗而短

1. 洗净莲藕上的泥土，切块。排骨焯滚水去血沫，与姜片、葱段、藕块一同入高压锅，加水没过食材。

> 产妇喝汤，盐要少放

2. 高压炖煮30分钟，藕可以用筷子轻松戳穿就熟了。食用前加少许盐调味。

藕	1节
排骨	半斤
盐	少许
姜片	适量
葱段	适量

番茄玉米牛尾汤

牛尾性味甘平，具有补气养血和下奶的功效，而且牛尾筋多脂肪少，煨烂了吃起来滑爽多汁，新妈妈也不必担心发胖。牛尾非常适合与番茄同烧，酸爽开胃，利于瘦身。再加入一些嫩玉米，更多了一份清甜滋味，喝汤之余拿节玉米啃啃，也是不错的小零食哦。

做法

1. 牛尾骨洗净，滚水焯一下去血水，加入姜片、葱段、当归、米酒，加水没过食材，高压锅煲半小时。
2. 熄火，排气后开盖，玉米与番茄切开，加入汤中。
3. 以常压再炖 15 分钟，蔬菜软烂入味即可，此时汤面呈现番茄红色。

> 番茄红素具有脂溶性，与肉同烧，融入油中

牛尾骨	半斤
番茄	1 个
玉米	1 根
当归	2 片
米酒	1 杯
姜片	适量
葱段	适量

猪肚山药汤

猪肚因为胆固醇高，洗涤烹饪麻烦，现在已经很少上家常饭的餐桌了。可是对产妇而言，它却是一味优质的滋补品，补虚损，健脾胃，蛋白质含量又高。很多地方，猪肚都是月子里产妇必吃的食材，因为长辈们相信，吃肚子收肚子，吃猪肚可以让产妇恢复苗条。其实这个说法并不科学，我更倾向于猪肚富含营养的滋补功效。

做法

> 猪肚要双面洗（也可以用盐搓、用糯米粉吸收黏液），用白醋清洗是利用酸破坏黏液蛋白，让蛋白质固化，易于冲洗

1. 买回猪肚，加白醋浸泡搓洗，去除黏液。
2. 洗净的猪肚开水焯硬，去掉污水。
3. 自来水冲冷，将猪肚切条。
4. 放入高压锅，加入盐、姜、葱、米酒，和水同煮40分钟。
5. 熄火，排气开盖，切山药、胡萝卜入汤，再以常压炖至山药、胡萝卜软烂即可。

猪肚	1个
白醋	1碗
米酒	1碗
山药	1根
胡萝卜	半根
姜、葱	适量
盐	少许

▶ 1 2 3 4 5 ▶

鲫鱼豆腐汤

鲫鱼是物美价廉的食材，肉质细嫩，蛋白质多，脂肪少，可充盈乳汁，温胃补气。小时候妈妈就经常煮鲫鱼豆腐煲汤给我吃，汤鲜肉嫩，不加盐都可以喝下满满一碗。

做法

> 鲫鱼腹中的黑膜一定要去掉，很多脏东西、重金属都在其中

1. 鲫鱼去鳞净膛，与姜片、葱段一同入油锅煎，煎至鱼皮收紧。
2. 另一汤锅烧开水，将煎好的鱼连同葱姜一同倒入。

> 煎鱼、热水同时进行，水开了立即放热鱼

3. 炖煮至汤色奶白时加入豆腐，再稍炖一会即可出锅。

鲫鱼	1条
豆腐	1块
姜片	适量
葱段	适量

胡萝卜炒猪肚

猪肚炒着吃更香，但是前提是猪肚一定要煨烂。胡萝卜是最适合产妇食用的蔬菜之一，油炒胡萝卜能析出丰富的维生素 A，不仅对母体是营养的补充，更能渗透入乳汁，给孩子健康的保护。我们都知道，维生素 A 对视力有很大影响，特别是在电子产品泛滥的今天，保护视力更是重要。

做法

1. 猪肚煲熟（处理方法见"猪肚山药汤"），切条待用。
2. 胡萝卜切片。
3. 炒锅热胡麻油，放胡萝卜，大火翻炒。
4. 胡萝卜变软后加入猪肚继续翻炒片刻，加米酒、盐、糖调味即可。

> 胡萝卜素和维生素 A 属脂溶性物质，要先用胡麻油热炒将其析出

猪肚	半个
胡萝卜	1 根
胡麻油	适量
米酒	半杯
盐	少许
糖	2 勺

▸ 1 2 3 4 ▸

高汤苋菜

产妇在月子里不是为了要把自己养胖的,所以不能只吃肉,蔬菜的摄入必须足够。红苋菜能补气、清热、明目,并且富含维生素C、钙、铁,烹饪熟透后软烂入味,颜色也甚是讨喜。家里喝不完的肉汤,可以用来烹饪一道高汤苋菜,一定会让产妇胃口大开。

做法

1. 油爆蒜头。
   > 蒜头经过烹饪,会失去辛辣的味道,所以不用担心乳汁呛到宝宝
2. 蒜头稍稍有点发焦时加入苋菜,炒到苋菜体积收缩。
3. 加入咸蛋黄继续翻炒。
   > 咸蛋黄富含卵磷脂,少摄入些无妨
4. 倒入高汤,炖煮至苋菜到需要的软度之后,即可关火出锅。

蒜头	5个
咸蛋黄	1个
苋菜	半斤
高汤	1碗

▸ 1 2 3 4 ▸

青木瓜灼腰片

记得大学宿舍里,我们几个女生一起拿电磁炉烧冬瓜吃,虽然只是用酱油简单地调味,却难忘那个集体DIY的味道。把冬瓜换做青木瓜烹饪成入味的炒菜,变着花样地给产妇补充所需,是巧手厨娘的聪明之处。猪腰补肾气,且利水,是产后第二周的主打食材,与青木瓜一同烹饪,下奶效果甚佳。

做法

1. 猪腰对半切开，去衣膜、内部白筋，斜刀切片。
2. 切好的腰片放入清水中浸泡，半小时后滤水，冲洗干净待用。

   > 斜刀切好后再泡清水，可以去掉腰片的臭味，而且口感更爽滑

3. 青木瓜去皮切片，用胡麻油翻炒至呈半透明色。
4. 加入生抽、米酒，略煮，加入腰片，翻炒至腰片不见血丝，点盐调味即可。

   > 一定要加米酒，可以去掉异味

青木瓜	半个
猪腰	2个
胡麻油	适量
米酒	1杯
生抽	1大勺
盐	少许

▶ 1 2 3 4 ▶

麻油姜醋藕

　　藕是能通乳下奶的蔬菜，做汤绵糯，炒食脆口。月子里烹食藕可稍做调整，用胡麻油来炒，再加入姜片，能起到驱寒的作用，口味也会更加和谐爽口。

做法

1. 藕洗净，去皮，切薄片。
2. 流水冲洗藕片，以去除淀粉。　　炒藕前必须冲洗掉切面的淀粉，否则易糊锅，而且口感不脆
3. 胡麻油爆香姜丝。
4. 加入藕片，翻炒至略呈透明色，调入盐、醋、糖，加入米酒。
5. 待藕自己的淀粉溶解出来，调水勾芡，待汤汁稍稠即可出锅。

只要稍加水，调和藕析出的淀粉，就能自行勾芡挂汁

藕	1 节
姜丝	适量
米酒	半杯
醋	2 勺
盐	少许
糖	2 勺
胡麻油	适量

▶ 1 2 3 4 5 ▶

当归荸荠猪肝

第一周里依然要吃猪肝,怎么变化做法让猪肝更好吃更滋补?当归、黄芪煮水后留中药水炒猪肝,使猪肝带着淡淡的中药香味,口感异常鲜嫩。生荸荠产妇不能吃,熟的可以适当食用,吃起来脆生生、甜爽爽的,非常开胃。

做法

1. 当归、黄芪加入米酒,大火烧开,改小火炖煮片刻,剔去中药材留汤汁备用。
2. 猪肝、荸荠切片,葱、姜、蒜切好备用。
3. 油锅爆香姜丝、葱花和蒜片,加入猪肝翻炒至半熟。
4. 加入荸荠继续翻炒,淋入中药米酒汁。 〔中药材不要倒入锅中,嚼不动影响口感〕
5. 烧至汤汁略稠,即可出锅。

〔荸荠本身含淀粉,无须勾芡〕

当归	1~2 片
黄芪	3~4 片
米酒	1 碗
猪肝	适量
荸荠	10 个
葱姜蒜	适量
盐	少许
糖	2 勺

芦笋牛柳

芦笋是非常健康的蔬菜，近几年普遍地出现在餐桌上，它含有丰富的叶酸，是产妇补充叶酸的食物重要来源，其中含有的膳食纤维还可以起到润肠通便的作用。芦笋与牛柳同炒，滋味鲜美，色彩诱人，营养全面，是一道色香味俱全的月子炒菜。

做法

1. 用刨子刀刨去芦笋根部老皮，斜刀切段。

   > 芦笋要选粗的，便于刨子刀刨去根部白色老皮，刨至指甲能掐动即可

2. 牛柳加酱油、小苏打腌渍半小时；炒锅热油，放入腌好的牛柳翻炒至熟。

   > 牛柳的处理参考"莴苣牛柳"，也可以用别的肉丝

3. 加入芦笋翻炒，加入盐、糖调味，最后出锅前淀粉调水勾薄芡即可。

芦笋	5~6根
牛柳	适量
小苏打	少许
酱油	1勺
糖	2勺
盐	少许
淀粉	适量

麻油腰花

第二周的主打菜肴是麻油腰花,因为此道菜肴以胡麻油烹饪、米酒调味,能补腰肾,利汗尿排泄,驱寒去冷,且帮助脏器回归。第一周常吃麻油猪肝,第二周则要常吃麻油腰花,这也是台湾人民坐月子时的必备滋补菜。别看搭配单一,米酒烹饪后的腰花很好吃。

做法

1. 猪腰对半切，去白筋和衣膜，剖面切横纹且不切断，然后切条。将腰花浸清水半小时，滤水冲洗待用。
2. 葱、姜切丝，用胡麻油爆香。
3. 加入腰花翻炒至发白，再加入米酒炖至腰花完全不见血丝。
4. 加盐调味即可食用。

> 可去掉猪腰的臭味，或在清水中加姜片，去腥效果更佳

猪腰	2个
米酒	1碗
胡麻油	适量
葱、姜	适量
盐	少许

产后 第三周 食谱

/很多女性产后都会感到胶原蛋白流逝严重,脸部不如之前充盈饱满,显得衰老疲惫。在产后的头两周里,产妇身体虚弱,无法吸收大量蛋白质,过犹不及,而从第三周开始,除了继续补血、排淤、通乳和收脏器外,必须补充足够的蛋白质,提升母乳的质量。这时是迅速补充新妈妈流失蛋白的最佳时机。

优质蛋白质的来源有牛奶、鸡蛋和大豆制品，如豆腐、鸡肉、鱼肉、猪蹄，还有坚果。从这周开始，饮食越发丰富。有一些传统的理念，需要用现代科学纠正一下。比如长辈不许产妇喝牛奶，说喝了会拉肚子，其实牛奶的蛋白质特别利于人体吸收；长辈说每天要吃6个以上鸡蛋，这样反而会易发便秘，每日一两颗蛋提供的蛋白质足够妈妈自身和宝宝所需了；有的长辈认为红糖水要一直喝到出月子，其实如果头两周都有吃红糖的话，第三周可以不用再吃，吃多了会过于活血，恶露不尽；还有长辈说蔬果不能吃，No，No，No，如果没有蔬菜的维生素和纤维素，营养如何平衡？胃肠只接受荤食负担过重（如果担心生冷寒性，第三周开始可以把水果加热或做羹汤来食用）；不能吃盐的理念也太过绝对，不是一点都不能吃，而是清淡少咸，能维持正常的生理电解质平衡即可……前辈们的月子习惯也有很多是有利的，猪蹄是传统观念中月子里必吃的食物，虽然有些腻口，新妈妈会担心影响身材恢复，可是吃了猪蹄喝了汤，乳汁真的会变得又浓又白，宝宝哭着要吃奶的间隔时间也会拉长，真是很神奇。

还有一个第三周必吃的是麻油鸡。前篇提过，麻油猪肝、麻油腰花和麻油鸡要按次序吃。麻油鸡吃早了，营养过剩，身体不能吸收反而成为负担，得不偿失。第三周开始吃，能温和滋补，恢复子宫脏器。

饮食不能单一化是很重要的，喝汤还需吃肉、吃肉还要吃菜、吃菜别忘了吃米饭，一样都不能少。有的新妈妈想尽快恢复昔日美貌，只吃素，拒绝吃肉，导致不仅奶水中蛋白质不够，宝宝吃不饱睡不沉长不快，而且自己的身体也得不到巩固。想要瘦身迅速，最好的方法就是勤喂奶。在做"奶牛"的阶段里，各种营养物质和脂肪都会汇集在乳汁中，奶水多的妈妈修身也会最快。

第三周里的饮食多样化了，心情放松，愉快开吃吧。

讨厌坐月子……
2月28日

熬啊熬，熬到2月最后一天，可我月子还没有结束。

日子真是漫长无比，每日枯燥、乏味、机械地重复：吃饭、睡觉、喂奶、吃饭、睡觉、喂奶、吃饭、睡觉、喂奶……没完没了的无聊时光！虽然步入春天，可还是很冷，阴雨不断，房间的窗户被紧紧锁住，开着空调和油汀，热得我上火烦躁。新的问题出现了——我的胸口竟捂出痱子！有谁那么悲惨，春寒料峭长痱子？家人说，忍着痒，别挠，啥也不能涂，还要喂奶呢。好吧，为了宝贝，我忍着，可是夜里都能痒醒啊。我真讨厌坐月子！

宝贝的脸和刚生下来皱巴巴的样子不同了：小鼻子、大眼睛舒展开，脸颊肉鼓鼓的，眉毛浓浓的，眼睛很大很亮，以后一定是个很好看的帅哥。我很想紧紧抱着他，

可老妈不许我久坐抱孩子，说会落病，我也确实坐不了很久，腰疼尾椎疼，抱起孩子的时候只觉得沉沉地压着，坚持不了一会。手机里的相册被宝贝各种表情、姿态、动作的照片及视频占满了，无聊的时候就摇着他的小床，跟他说话，他偶尔嘴角咧一下，是能听懂妈妈说什么吗？

　　老妈很辛苦，每天很早起来买菜做饭，只为了保证我饮食多样化，早午晚饭从来没有重样过，炒菜、汤水、蔬菜、肉类搭配很全面，下午茶和消夜都是甜品、水果羹、乳制品，在无聊低落的月子里，这是唯一让我兴奋的事情。我是吃货，看来这个本质丝毫不会因为什么抑郁而改变。

艾草豆沙团

艾草对产妇而言无论是吃还是洗，都是可以祛湿驱寒、修复身体的。若是在月子里稍受风寒觉得身体不适，可以用艾草煮水烫脚，直到额头微微出汗，即是排出了体内湿寒。坚持几次，很多病根都可以去除。艾草榨汁与糯米粉、大米粉揉个团子，包点豆沙，就是一款好吃又利于产妇身体恢复的小点心哦。

做法

1. 开水烫熟艾草。 *摘取嫩芽，做出来才颜色漂亮*
2. 料理机把艾草打碎成浆。
3. 称好糯米粉、大米粉和糖的分量，混合后加入艾草浆，一边揉一边加，直到成形且不粘手。如果太干就加点水。
4. 揪一个剂子，包入豆沙，搓圆。
5. 蒸锅倒水，水烧开再放入豆沙团，蒸20分钟，出锅刷麻油。

艾草	1小把
糯米粉	150克
大米粉	50克
糖	20克
红豆沙	适量

▶ 1 2 3 4　　5 ▶

板栗烧鸡

这道菜不仅是好吃的家常菜,还是一道适合产妇的营养滋补菜。板栗就是一个宝,富含钾,及维生素C、铜、镁、叶酸、维生素B6、维生素B1、铁和磷,性质温热,可健脾胃、补肾壮腰、强筋止血。只是一次不要吃太多,以防消化不良。

做法

1. 鸡去毛净膛。 <去掉屁股、翅尖和鸡脖子上的皮,这三部分淋巴多且脏,不宜多吃>
2. 切鸡块,姜切片,葱切段。
3. 油爆香姜片、葱段,加入鸡块翻炒至不见血色。
4. 注水,将没过食材,加入米酒和板栗。 <大超市或淘宝生鲜都可以买到品质好的去皮板栗>
5. 加入酱油、盐和糖炖煮至板栗和鸡肉酥烂、汤汁浓稠即可出锅。

板栗	10颗
小仔鸡	1只
姜、葱	适量
米酒	1碗
酱油	适量
盐	1勺
糖	3勺

▶ 1 2 3 4 5 ▶

海带烧排骨

我们在韩剧中常常看到,产妇产后猛喝海带汤。海带具有利水消肿、收缩子宫、镇定神经的功效,可以减少子宫出血,避免产后产生抑郁情绪。除了做汤之外,海带还能与排骨红烧,烧出的海带软糯多汁,不费劲就滑下肚子,特别适合产妇食用。

做法

> 一定记得泡掉海带的盐分

1. 海带泡水去盐,切条;姜切片,葱切段。
2. 排骨焯水去血沫,

> 必须过一次滚水,焯水后的排骨不会再炖出血沫

   冲洗干净后,加入姜片、葱段、酱油、米酒、盐、糖,加水没过食材,大火煮。
3. 排骨半熟时,放入海带,改小火继续炖至排骨酥烂、海带软糯即可。

海带	2 片
排骨	半斤
酱油	适量
姜、葱	适量
米酒	1 碗
盐	少许
糖	3 大勺

黑豆乳

　　黑豆高蛋白、低热量，连皮同吃可以提高人体对铁的吸收，改善贫血，养血平肝，补肾壮阴。《本草纲目》中记载，常食黑豆，可百病不生。黑豆连皮打出的豆浆颜色灰白，口感浓滑，加点牛奶同喝，更显温润香浓。

黑豆　　　1 杯
水　　　　600 毫升
全脂牛奶　200 毫升

做法

1. 将黑豆倒入容器中，泡水涨发一夜。
2. 加入豆浆机打出豆浆，过滤去除豆渣。（豆渣可以留着摊饼或炒食）
3. 加入牛奶即可饮用。

花生炖猪脚

产后必吃,下奶必吃!乳汁分泌……水分多,对……后乳则富含营养,颜色雪白。后乳颜色……营养随妈妈的体质而定。若发现后乳颜色清淡,赶紧吃一碗花生炖猪脚,乳汁立马变得又浓又白,宝宝摄入营养充足,睡觉时间也会变长。

猪脚　　3只
花生　　1小碗
米酒　　1碗
盐　　　少许
葱段、姜片　适量

做法
一定要在滚水里煮一浇，去掉血污和臭味

1. 猪脚焯滚水去血沫，冲洗干净后入高压锅，加水、花生、米酒、葱段、姜片，开大火。
2. 高压锅开始嘶嘶响的时候转小火炖煮，约30分钟后关火。食用前点盐调味。

麻油鸡

这是一款台湾客家人月子里的必吃菜,用胡麻油烹制,是麻油系列菜的最后一道,也最为滋补。据说这道菜必须用整只鸡来烹饪才能发挥润燥通便、调理补身的功效。一定要在第三周开始吃。麻油鸡的制作要点是用胡麻油或黑芝麻油爆香老姜,佐米酒来料理。我曾经在南京的台湾餐馆吃过,滋味比想象的鲜美,麻油的香和鸡肉的鲜相得益彰,美味到连汤汁都情不自禁要喝下去。

做法

1. 整鸡连同内脏剁块,姜切片,葱切段。
2. 热胡麻油,放姜片、葱段爆香。
3. 加入鸡块翻炒至鸡肉发白。
4. 倒入米酒,放少许盐,盖上锅盖小火炖至鸡肉酥烂入味。

整鸡	1只
老姜、葱	适量
胡麻油	适量
米酒	1大碗
盐	少许

▸ 1 2 3 4 ◂

木瓜炖雪蛤

《本草纲目》记载，林蛙（即雪蛤）"解虚劳发热，利水消肿，补虚损，尤益产妇"。木瓜则可抗衰养颜、抗菌消炎、丰乳下奶。木瓜炖雪蛤是一道非常有名的补品，特别适于产妇食用。上好的雪蛤来自东北，干品呈琥珀色，坚硬干燥，涨发后体积扩大10倍，雪白色且呈半透明。鉴别真假雪蛤的方法就是观察体积膨胀比例和颜色，膨胀小而色黄的是劣质雪蛤。

雪蛤　3~4朵
木瓜　半个
椰子　1颗
冰糖　少许

做法

1. 雪蛤泡清水过一夜，充分涨发。
2. 去掉每一朵雪蛤的黑线，留白色凝胶。
3. 椰壳开口，倒出大部分椰汁，留一点在里面，刮下椰肉。
4. 木瓜挖出小球，将木瓜球、雪蛤、冰糖放入椰壳中，加水至将满。
5. 入蒸锅用大火蒸至冰糖熔化，椰肉也几乎化掉，即可食用。

> 如果怕腥，可以泡发时加入姜片

> 产妇不可冷食椰汁，但可热饮；椰肉富含椰子油、蛋白质、维生素，炖汤非常有营养

▶ 1

2 3 4 5 ▶

牛奶炖蛋

这是一道类似双皮奶的甜品。双皮奶制作起来太麻烦，繁忙的月子里，所有菜谱都要讲究个快速、简单、好上手。打好鸡蛋，兑入牛奶，上火一蒸，一道香浓顺滑的月子甜品就诞生了。牛奶和鸡蛋中的蛋白质、氨基酸最适合人体吸收。

做法

> 无论是蒸鸡蛋羹还是牛奶炖蛋,液体与鸡蛋的量比均为3:1。一枚小柴鸡蛋体积约40毫升

1. 鸡蛋加糖打散,兑入牛奶搅匀。(如果讲究一点,可以将牛奶蛋液过筛网,去掉未打散的蛋清。)
2. 倒入炖盅,盖上盖子,入蒸锅用大火蒸10分钟即成。

> 这样可以让炖蛋均匀无蜂窝,口感更滑

全脂牛奶　250毫升
柴鸡蛋　　2颗
砂糖　　　1大勺

桃胶银耳雪梨

月子里吃的太好，很容易上火，不如炖点桃胶银耳雪梨降降火。每一勺入口，滑糯糯，甜丝丝的，清爽不腻，再加上银耳滋阴润肤、桃胶美容养颜，想不吃完都难。

做法

1. 桃胶提前一夜浸泡清水，充足涨发。

   （涨发后桃胶的体积膨大十几倍，所以要准备大一点的容器）

2. 捡去黑色杂质和木屑，入炖盅。

3. 雪梨切片，银耳撕小朵，连冰糖一同加入炖盅中，加水。

4. 上锅蒸40分钟即成。

   （银耳要事先泡水涨发5分钟）

雪梨　半个
银耳　1朵
桃胶　5克
冰糖　适量

▸ 1 2 3 4 ◂

猪脚姜煲鸡蛋

这是广东人在月子里必吃的滋补菜肴，视觉上就非常震撼啦！猪脚、鸡蛋、姜、醋，每样都是针对产妇增加奶水、营养补身、暖宫驱寒的食材，搭配起来滋味更是棒极了！扑鼻的糖醋姜香搭配猪脚，丝毫不会让人觉得油腻。

做法

1. 猪脚开水煮一浇。 这步一定不能少
2. 洗去血沫，备用。
3. 珐琅锅里倒少许油，下老姜块爆香。
4. 倒水，放入猪脚和剥壳的熟鸡蛋，加醋、糖、盐。
5. 煲至汤汁浓稠、鸡蛋上色、猪脚皮肉酥烂即可出锅。

猪脚	3 只
熟柴鸡蛋	10 个
老姜块	适量
醋	1 小碗
盐	少许
糖	2 勺

产后 第四周 食谱

/快解放啦,姐妹们!准备迎接户外的阳光雨露吧!虽说坐月子是躺在床上由人伺候,可是没有哪个女人会想赖在月子里不走的,毕竟这是一个"闭关"的过程。本周饮食与第三周没有什么差异,只是要增加纤维素的摄入量,防止过度营养带来的便秘。

纤维素的摄取来自蔬菜、水果。适合产妇的蔬菜有茭白、丝瓜、芥蓝、莴苣、菌菇、木耳、胡萝卜以及各类大豆制品；黄瓜、苦瓜、绿豆这些带有寒性的蔬菜尽量避免多吃；南瓜、燕麦、大麦茶会回奶，少食为妙，但偶尔吃一次也无妨；韭菜、香菜、芹菜、辣椒以及大料，这些味道过重、易上火的蔬菜也尽量避免食用，会影响乳汁的味道，对产妇也不利；多吃热性、平性的水果，榴莲、橙子、苹果、香蕉、猕猴桃、芒果我不建议吃，这些可能会引发孩子过敏；如果担心冷食会造成月子病，可以将水果加热或做成羹。

只要妈妈坚持母乳喂养，那么出月子的饮食基本与三四周总体方向一致，只是出月子了，忌口就会少一些，可以吃冷的，比如酸奶、凉拌菜、奶酪统统不必忌讳，大口吃水果就是。总体方向是——奶少了，就吃发奶的，如猪蹄、鲫鱼、丝瓜、青木瓜、酒酿之类；乳房有结块了，就多喝点通草水，忌吃辛辣、刺激、重口的食物，如腌制品、隔夜菜、臭豆腐；便秘了，就吃香蕉、糙米来滑肠；避免摄取回奶食物。

其实月子里虽然吃得很多，可是体重依然会平稳下降，只要吃对了，吃得合时宜，并且坚持母乳喂养，新妈妈就不用担心之前的美妙身材回不来。饮食是身体强健的基础，月子里身体巩固得好，咱才能女汉子重出山！

我只要和宝宝的岁月……
3月12日

　　终于熬出头了！出月子啦！我不知道该哭还是笑，这30天度日如年，我甚至都没有晒过太阳。恰逢今天是开春以来最暖和的一天，打开阳台的窗，觉得有点刺眼，可是阳光灿烂明媚，暖洋洋地照在身上，让我迫不及待地伸出手去感受，想把春风抓住。我抱起我的宝贝，在阳台的摇椅上坐下来，摇晃着晒着太阳，看着阳光在他的睫毛上镀满金色。

　　家人定了满月酒，中午要出席，可我不想去，不想见人，自己还是肚皮松松的要穿孕早期的裤子，头发那么久没有整过，乱糟糟的，心情也还在抑郁中，为各种琐事纠结，工作、养育观念、婆媳关系……

　　老妈说，去吧，万一宝贝要喝奶呢。是啊，我的宝贝，我必须一刻不离，万一亲

戚不会抱他，过分逗玩伤了他怎么办。嗯！必须去。妈妈给我挑了一件大红色的外套、孕妈咪牛仔小脚裤、黑色及膝平底靴，头发盘得高高的，化了淡妆。一照镜子，还不错啊，好像腿和脸都瘦回来了，身体也不再臃肿了。赶紧称一下体重，与刚生产完相比，整整减掉了20斤，真是没想到！终日捂在房间里不出来，竟然有那么大变化。

满月酒上我依然条件反射地延续着月子里的习惯，不吃生冷辛辣。大家轮番地来敬酒，都夸我"脸色比在医院看你时好太多了，斑也没有了，红润润的，养得多好，多漂亮的妈妈。"酒席有点吵闹，大家在议论着福岛地震事件，我陪在宝贝身边，他睡着了，我们的世界很宁静。突然有个亲戚站了起来，举杯说道："来给孩子妈敬酒，生了孩子马上就要去考博士了，我们家里终于要出一位做科研的有地位的人物啦！"博士！博士！这是我月子里最烦心的事！我鼓足勇气站起来，坚定地打断了他："我不读博士，我有孩子了，我要陪在他身边看他成长，照顾他生活的点点滴滴，我是母亲，不是博士，我不要社会地位，我只要和我宝宝一起的岁月。"说完，席间一片寂静。我爽翻了，我终于找到自己这一个月的抑郁症结，把怨气全部吐出去了。我要和我的孩子在一起，我宁愿工作简单，没有什么仕途、金钱、名望，那些与我何干？宝贝是我生命的延续，我要把我的时间和我的爱全部给他，轻松快乐地生活。

市民广场春花烂漫，美得羡煞旁人，我抱着宝贝，哼着小曲漫步在回家的路上……

大煮干丝

　　大豆是优质蛋白的另一种来源,在没有牛奶喝的童年,每个早上我们都是在豆浆油条的陪伴下度过的。大豆因为含有大豆异黄酮和植物蛋白,所以对女性有延缓衰老、防止更年期综合征等作用;而对于产妇,大豆也是个很好的下奶食材。直接吃豆会造成胀气,用豆制品做菜,更易于消化。

做法

1. 所有材料切丝，瑶柱用刀压碎。
2. 白干丝用清水煮 3 分钟，滤水。 〈这样可以去掉过浓的豆腥味〉
3. 炒锅热油，爆香姜丝，放入木耳丝、香菇丝、火腿丝翻炒。
4. 加入白干丝、瑶柱碎，倒入鸡汤，加少许盐，小火炖煮到干丝软而不断、入味爽滑即可。

白干　5 张
木耳　4~5 片
香菇　1 朵
火腿　1 片
姜丝　适量
瑶柱　5~6 个
鸡汤　1 碗
盐　　少许

▸ 1 2 3 4 ◂

当归黄芪蒸凤爪

　　吃，必须是一件享受的事情，生活水平的提高和日益丰富的食材造就了"吃货"这个词。很多吃货都热衷鸭脖子、鸡爪子，因为可以在剔骨食肉的过程中体味到吃的乐趣。身为产妇，更不应该把吃当做一个负担和任务，咱既要吃得滋补美容，也要吃得欢畅淋漓。当归黄芪蒸凤爪，属中药食疗，当归补血，黄芪补气。常有产妇在月子里发现声音不如从前悦耳，嘶哑低沉提不上气，这时可适当摄入黄芪。淡淡的中药香掩盖住鸡爪的异味，好吃到停不住口。

做法

1. 姜切片，葱切段，与当归、黄芪（中药带有灰尘，需流水做冲洗处理）一起铺碗底。
2. 凤爪洗净，去老皮、指甲，装入中药铺底的碗中，淋米酒，加少许盐。

> 可将鸡掌与指骨剁开，更利于装盘与食用

3. 上蒸锅，大火蒸 40 分钟，凤爪酥烂即可食用。

凤爪	10 只
当归	2 片
黄芪	3~5 片
姜、葱	适量
米酒	1 碗
盐	少许

蚝油芥蓝

芥蓝属十字花科蔬菜，同科的还有花菜、西蓝花、卷心菜、紫甘蓝等，这类蔬菜非常健康，产妇都可以食用，不仅维生素含量丰富，还有多种微量元素和叶酸，可以清除身体内的污物，促进新陈代谢，减轻体重，击退黑色素。

做法

> 小的芥蓝可整棵入锅，不用去皮

1. 芥蓝洗净，用刨子刀刨去茎部老皮，滚刀切块。
2. 炒锅里热油，下芥蓝翻炒。
3. 待芥蓝出水且体积缩小的时候加入蚝油，出锅前用冷水调淀粉勾薄芡。如果是小芥蓝，可以直接用开水烫熟，淋生抽吃。

芥蓝　半斤
蚝油　1勺
淀粉　1勺

花胶鸽蛋瘦肉汤

花胶，即深海鱼的鱼鳔，味甘性平，具有养血止血、美容养颜的功效。新妈妈产后15天即可食用，其中丰富的胶原蛋白不仅美了妈妈，还能迅速提高奶水质量，强健宝宝的大脑。花胶本身有很难去除的鱼腥味，但适当烹调后可避掉鱼腥，显出好滋味。与鸽子蛋、瘦肉、海底椰一同煲汤，满满营养无须言表，汤水喝完嘴唇都能粘在一起。

做法

1. 花胶加3片姜片，冷水浸泡48小时，中途换水一次。

   > 姜片水泡花胶可以去腥，切记中途要换水

2. 瘦肉切丝，高压锅中放入海底椰、瘦肉丝、葱段、米酒和剩下的2片姜片，水加足，盖盖高压炖煮20分钟。

3. 鸽子蛋放冷水中小火煮5分钟，取出冲冷水，剥壳。

4. 剥好的蛋放入炖好的汤水中，加少许盐，再常压以小火熬5分钟即可吃胶喝汤。

   > 海底椰捡出来不吃

花胶	5只
鸽子蛋	3颗
海底椰	适量
瘦肉	适量
姜片	5片
葱段	适量
米酒	1碗
盐	少许

▸ 1 2 3 4 ▸

茭白鸡杂

茭白，有清湿热、解毒、催乳汁的功效，担心产后肥胖的妈妈可以用催乳的蔬菜保证自己的乳汁质量。设计菜谱时，我充分考虑了食材利用的问题，买了鸡炖了汤，鸡杂怎么办？煮出来的鸡肝偏老口感不好，那就和茭白来个爆炒吧！总之，变着法子要把营养吃进去。

做法

> 鸡胗切薄点，鸡肝粗切几刀即可

1. 茭白切丝，鸡杂切片。
2. 热胡麻油爆鸡杂至半熟。
3. 加入茭白丝、少许盐、糖翻炒，淋米酒，茭白变软出汁即可出锅。

> 一定要加糖，可以调出茭白的鲜美

茭白	2根
鸡杂	1副
盐	少许
糖	2勺
胡麻油	适量
米酒	少许

木瓜牛奶羹

我坐月子的时候，老妈会变着法子搭配各种食材，其实月子里适合的食材就那么多，但经她的手一变化，就变得更多色彩更多滋味了，我印象里每餐都没有重复过。这款木瓜牛奶羹就是甜品中我的最爱，木瓜挖球，加桃胶和牛奶同炖，吃进肚子里美美的。

做法

1. 桃胶提前一天泡清水涨发，捡去杂质后加少许水和糖，用小火炖煮至桃胶柔软入味。
2. 木瓜切开去瓤，挖球备用。
3. 木瓜球加入炖好的桃胶水中，再倒入牛奶，小火炖煮片刻即可。

木瓜　半个
牛奶　1碗
桃胶　适量
糖　　1大勺

清蒸鳗鱼

　　鳗鱼富含蛋白质、脂肪、钙、磷、铁及多种维生素，可促进产妇身体各器官的康复，并且补充钙质，而且鳗鱼鱼皮中高含量的胶原蛋白还有美容作用。月子里可以用于清蒸的常见鱼类还有鲈鱼、鳜鱼，做汤的有鲫鱼和乌鱼。大部分鱼类都可以增加优质蛋白，提升乳汁质量。鱼肉中的鱼油可以由母体转化为DHA，通过乳汁传递给宝宝，强健宝宝的视力，促进大脑发育。

鳗鱼	半条
姜片、葱丝	适量
米酒	1小碗
蒸鱼豉油或生抽	1小碗

做法 〔鳗鱼分海鳗和淡水鳗，淡水鳗肉质细嫩、油脂多、味道好；海鳗腥味重、刺多、肉柴一些〕

1. 鳗鱼净膛，从脊背处横向切断脊椎，但不要切断鱼腹部，如此将鳗鱼盘于碗中，加入姜片、葱丝、米酒。
2. 大火蒸12分钟，淋温热的生抽，再撒点葱丝。〔鳗鱼无鳞且鱼油多，蒸时不用放油〕

酒酿水果羹

记得儿时跟着妈妈去饭店，吃到一碗苹果橘子熬煮的西米羹，热熟的水果有一种奇妙的滋味，像甜蜜的罐头，弥散着柔软温暖的气息，喝到肚子里非常舒服。产后饮食偏荤腻，来一碗水果羹作下午茶，心情也瞬间变得缤纷多彩了。

做法

1. 所有水果洗净。
2. 苹果、梨去皮切块，橙子剥瓣，加少量水煮软。
3. 汤汁收稠后加入酒酿滚开。藕粉调冷水加入汤中，小火熬至浓稠。
4. 盛出，放一个无花果作点缀。

> 橙子要去核，否则煮出来苦

> 煮西米比较麻烦，可以用更有营养的藕粉调稠

> 用香蕉煮也很好，但是剥好的香蕉要用柠檬汁泡一下才不会发黑

苹果	1个
橙子	1个
香梨	1个
藕粉	1包
酒酿	1碗
无花果	1个

香菇素鸡

还有一个豆制品，加一个烹饪步骤，就可以好吃到飞天，这就是素鸡。很多厨房新手不知道素鸡如何烹饪，只是切片后简单地和肉炖炖，最后肉吃完了丢掉素鸡，因为它口感太结实了！殊不知，先油炸再炖煮，素鸡会瞬间变得嫩若豆腐，入口即化，而且多汁吸味。我坐月子的时候最爱这道菜，好吃、适口，又下奶，还不担心发胖哦。

做法

> 素鸡选粗短、白而湿润的

1. 香菇切花，素鸡切片，姜切片，葱切段。
2. 不粘锅内倒少许油，煎素鸡（同时放入姜片、葱段一起煎），煎完一面翻面继续煎。
3. 将煎好的素鸡先用厨房纸吸去多余油脂，然后放入汤锅，倒水，再放入香菇和煎软的姜片、葱段，加酱油、盐和糖调味炖煮。
4. 炖至素鸡几乎要散即可。

> 经过油炸的素鸡带有气孔，炖煮后水分进入其中，非常柔软好吃

素鸡	2捆
香菇	数朵
酱油	适量
姜、葱	适量
盐、糖	适量

▶ 1 2 3 4 ▶

小米海参粥

这是一道无论孕期还是产前、产后都好吃的粥。孕期吃,强健胎儿大脑;产前吃,增强生产力;产后吃,则利于修复身体,营养乳汁。干海参难以避免会在制作过程中带有重金属,而且涨发工序也很复杂,不是每个人都能涨出好海参。现在物流这么发达,我们可以直接买到鲜的即食海参,方便快捷,洗洗就可以下锅,营养也不欠缺。朴素的小米搭配高大上的海参,营养丰富的杂粮碰撞胶原蛋白,全面滋补新妈妈。

做法

1. 小米淘洗干净。
2. 海参去沙嘴，洗净，留海参肠。
3. 小米加水煮开，转小火熬至起黏，扔入海参、姜丝，小火继续煲。
4. 汤汁收干的时候加入高汤，煲至小米黏稠滑顺。加少许盐调味即可食用。

> 海参肠就是里面纵向的五条筋，营养很丰富，不要丢掉。海参内壁的环形肌肉也无须去除。越好的海参越干净

> 早上空腹喝此粥最好

小米　1碗
海参　1条
姜丝　适量
高汤　1碗
盐　　少许

▸ 1 2 3 4 ▸

针对月子问题的特效食谱

/这部分内容可以作为产妇在月子中出现种种状况时的"对症下药",非常具有针对性,而且效果显著。不仅限于月子,产后的半年甚至更久时间内都可以坚持食用,慢慢你会看到食物的回馈,感到身体的变化。

为何月子菜那么讲究，不能以平常饮食代替，要单独做给产妇吃？因为产妇要通过食补来完成身体在产褥期各项功能的恢复，包括恢复伤口、补充大量流失的血液、消除孕期带来的水肿、脏器回归、子宫收缩、去除妊娠斑、排淤瘦身、防止日后腰腿酸痛，以及做合格的"人肉奶瓶"……完善身体机能不仅是为了妈妈、宝宝身体强壮，也是为了现代女性需要以焕然一新的面貌和体魄回归职场。

记得在孕期时我心情和气色都是棒棒的，脸蛋始终红扑扑，可是生完孩子，闺蜜来看望，心疼地说：你好像变了一个人，面无血色，色斑密布，身体就像泄了气的皮球摊在床上，生孩子好糟蹋身体哦！我曾经拉着医生的袖管问为什么会这样。医生说是因为失血过多，赶紧调理调理就会好的！非常感谢我的妈妈，在月子前期，补血美白的食物始终没给我间断多，虽然重复的饮食总是很乏味，但显著的效果在满月酒的时候已经被亲友们证实。

但是月子后期新的问题出现了，我开始腰酸关节痛，痛到蹲下去后得扶着墙才能站起来，这样的身体让我很沮丧，好像老太婆，真老了可怎么办？又是我的妈妈，她在寻医问药之后，开始用杜仲、羊脊骨等为我强身健骨，坚持了半年，终于回归产前的"麻利"了，现在还能带着刚会坐的宝宝骑大马呢。

多亏了妈妈的照料，现在我身体很好，容光焕发。身边的姐妹们陆续生产，有的产后抬不起胳膊，有的满脸色斑臃肿松垮，有的被便秘和宿便折磨，有的腰膝酸痛，或是苦于膨大的屁股和肚皮，或是被不断的乳腺发炎、发烧所累。看到她们如此受罪，抱怨着"再也不要生孩子了"，我总会心疼地亲手煲汤做菜送去，希望姐妹们如我一样赶紧回到产前的美丽、健康与自信。

问题1：大量失血，面如土色，气短嗓哑

过去，人们常说女人生孩子是鬼门关走一遭，不知多少女性死于生产。在医学发达的今天，很多难题都有办法解决，可是生产依然是对女性身体的一次巨大冲击。虽然整个过程产妇及陪产并不见血光，但实际产妇身体流失大量血液，所以产后妈妈往往面无血色，说话有气无力，站起来就头晕目眩。饮食能带给我们迅速合成血细胞的来源：蛋白质、铁元素、电解质和水分等。除了月子里必须大量食用的动物肝脏以外，还有很多食材清爽美味，低脂、低胆固醇，见效迅速，补血的同时还能排水肿、补气虚，多吃会很快恢复好气色。

红豆薏米山药

红豆、山药，补血补气，双管齐下。月子里的我红豆、山药几乎不停口，每天老妈都要炖一碗豆沙给我，出了月子我脸蛋红扑扑的。红豆多做甜品，而山药可甜可咸，常见的做法有煲汤、炒菜，口感或粉糯或爽滑。山药做甜品时最好炖透，面面的几乎融在红豆汤里，喝着很舒服。如果再加入薏米，这款甜品就又有了美白排水肿的功效。

做法

1. 红豆、薏米泡清水一夜，入锅同煮。（这样处理的红豆、薏米更易于煮熟）
2. 山药去皮切块，在红豆、薏米煮至半熟时加入冰糖和山药块。（铁棍山药口感紧实，普通山药也很好，而且更容易煮化）
3. 炖到山药也变得粉糯，就可以出锅了。

红豆	1碗
山药	1根
薏米	1小碗
冰糖	少许

鸡血藤红糖煮鸡蛋

鸡血藤根茎色赤入血,可活血舒筋,养血调经,补血行血,常用于治疗贫血,缓解血虚带来的肢体疼痛。鸡血藤红糖煮鸡蛋是一款非常适合产后第一周排淤补血的汤品,汤水红如鲜血,气味清淡不苦。

做法

1. 鸡血藤加入水中,小火熬煮。
2. 汤色血红时,捞出鸡血藤,留下汤汁。
3. 汤中加红糖,大火煮开。
4. 打入鸡蛋,煮至蛋熟即可。

> 可用筛网过滤,滤掉鸡血藤的根茎

> 大火滚开时下打蛋,蛋不易糊底

鸡血藤　10克
红糖　　1勺
鸡蛋　　2个

1 2 3 4

问题 2：肤色暗沉，色素累积，皮肤有赘生物

因为孕期激素的刺激，很多女性外形上都会有变化，诸如产生妊娠斑、黄褐斑，毛孔粗大、鼻翼扩展，皮肤有赘生物，腋窝、脖子处有色素沉着，关节粗大等。美白之类的功能化妆品在生完孩子后的一段时间内都不宜使用，因为妈妈要与宝宝亲昵，并承担喂奶哺育的任务，这类化妆品中的物质会进入皮肤渗入乳汁。所以可以改善皮肤状态的食疗是最安全的。猪脚可以补充胶原蛋白，提升肤质；薏米可以美白皮肤，击退色斑；皂米富含胶质，可清肝明目，美容养颜，还能通乳；燕窝含有表皮生长因子，可促进新陈代谢，让皮肤新生鲜活。

冰糖燕窝

　　燕窝含有特殊的氨基酸、燕窝酸、表皮生长因子，可够促进细胞新陈代谢，使肌肤焕然一新，此外对产道伤口的恢复也是有极好的作用的。记得当时怀孕，体表长了很多小赘生物，我觉得自己好像老巫婆一样恶心无比。产后坚持一周两次燕窝，慢慢我发现这些小赘物自己脱落了，皮肤也恢复了光洁。好的燕窝发头大，炖熟后吸水更明显，雪白通透，滑嫩且带有蛋清的味道，加冰糖调味空腹吃，是非常美味的滋补品。老人、孩子都适合食用。

燕窝　1盏
冰糖　适量

做法

1. 燕窝1盏，泡清水4小时涨发。

   > 好的燕窝没有鸟毛，如果燕窝品质不好，会有杂质，涨发体积小

2. 捞出燕窝，加冰糖、清水。

3. 放入蒸锅，隔水蒸炖15分钟至冰糖熔化。

皂米玫瑰膏

　　皂米本是皂荚的果实,没有肥皂之前我们用皂荚来洗衣服,而皂米又叫雪莲子,可养心通脉、清肝明目、健脾滋肾、润肤养颜、提神补气,新妈妈食用更有助于瘦身美容、通畅乳汁。它的胶质非常丰富,以至于炖完冷却后变为膏状,香糯润口,晶莹剔透。

做法

1. 皂米泡清水放于冰箱中涨发一夜。捞出皂米,加入冰糖、玫瑰花、薏米和水,入高压锅蒸篮。

   > 炖皂米要米少水多,因为胶质太丰富,需要足够的水来稀释溶解

2. 用高压锅小火蒸半小时。

   > 长时间的蒸煮,可以溶出皂米胶体

皂米	小半碗
玫瑰花	少许
薏米	适量
冰糖	适量

榴莲壳海底椰薏米汤

这道月子食谱结合了中国南部和东南亚口味及产后妇女的饮食习俗,使用了榴莲壳与核、海底椰和薏米炖煮。俗话说,一只榴莲三只鸡,其滋补效果可见一斑。榴莲肉上火,而榴莲壳则降火解滞,去胃寒,在泰国常用于熬制妇女产后的滋补汤。海底椰滋阴润肺,除燥清热,也是广东一带炖汤的药材。薏米利于产妇排除水肿,褪去黑色素,使面色恢复红润白皙。如此一碗汤,加上冰糖,即便不是产妇,早上来一碗也可以让女性容光焕发。当然首先你得受得了榴莲。

榴莲壳　　1/4 瓣
薏米　　　1 碗
海底椰　　数片
冰糖　　　适量

做法

> 榴莲壳只有白色那部分发挥功效

1. 榴莲壳切开,去黄色部分留白瓤,把榴莲核也留下。薏米提前一夜泡水,海底椰洗净。
2. 与将榴莲壳、核、洗净的海底椰、薏米与冰糖一同入水,炖煮至汤色奶白,薏米熟烂。
3. 捞出海底椰、榴莲壳和核丢掉,喝汤吃薏米。

问题3：腹部松弛，子宫未入盆归位，肚子大

很多新妈妈觉得，产后肚子还是那么大，好像还怀着一个，何时才能恢复以前的腰身，穿回以前的裙子啊！想想看，腹中各个器官，因为十个月急剧膨胀的子宫而异位，子宫也从生育前的五厘米长度，变成巨大的容纳宝宝、羊水和胎盘的暖房，短时间内子宫怎么能复原归位呢？这时可以通过一些食材帮助宫缩，让肌肉收缩，使小腹回归原有大小。一旦生产，就要立刻开始抓紧黄金时期食用宫缩食物。

山楂粥

山楂,孕早期不能吃,而产妇却很适宜。我常常提醒大肚婆姐妹们,少喝酸梅汤,少吃糖葫芦,会影响胚胎。但卸了"包袱"后,山楂的开胃消食、活血化淤功效特别适合产妇的恶露不尽、腹部疼痛、食欲缺乏等症状。但是产妇吃山楂不能生吃,必须煮熟了吃,也不宜多食,每次不要超过十颗,酸性物质过多会引起胃部不适。

做法

1. 大米淘洗干净,加水大火煮至水开。
2. 放入山楂转小火炖煮。
3. 出锅趁热食用。

大米　　1碗
干山楂　5颗

益母草红糖水

　　益母草，顾名思义，是对女性有益处的药材。益母草可以促进宫缩，帮助恢复子宫，连医生都会开一点益母草颗粒帮助宫缩。产妇喝了益母草红糖水后会有明显的"阵痛"感，其实这是在宫缩。益母草味苦，加入红糖可以掩盖苦味，使其更为适口。

做法

> 不要煮太久，否则汤水泛黄且味苦，见益母草沉底即可

1. 益母草加一大碗水上火煮，益母草开始沉底时关火，用筛网滤去益母草。
2. 过滤的汤水中加入红糖，即可当饮料喝了。

益母草　5克
红糖　　少许

问题4：奶水稀、清、少

　　母乳喂养是月子里最减肥的运动。母乳饱含营养和脂肪，虽然妈妈吃得多，但是摄入的蛋白质、微量元素和脂肪都汇集在母乳中供给宝宝。妈妈若是饮食过于清淡，乳汁会越发清澈，导致孩子吃不饱，老是闹奶哭泣。提升乳汁质和量需要优质的食物补给。猪脚、公鸡、鲫鱼都是见效很快的发奶食物，不仅会让乳汁雪白，还能增加产量，甚至可以翻倍增加哦。

王不留行炖猪脚

炖猪脚汤，胶原蛋白丰富，喝完后乳汁立马雪白浓稠。为了防止高营养的乳液堵塞乳腺，可以加一点王不留行同炖。王不留行赋予猪脚汤一股焦香味，丝毫不会腻口。

做法

1. 猪脚去毛洗净切块，滚水焯一浇。 *（必要步骤，去掉血污和臭味）*
2. 姜切片，葱切段，连同米酒、王不留行一起加入猪脚中，用高压锅炖煮。
3. 约25分钟后关火。此时猪脚酥烂，妈妈们可吃肉喝汤。

猪脚　　　2~3个
王不留行　5克
米酒　　　适量
姜、葱　　少许

▶ 1　2　　　3 ▶

公鸡汤

公鸡具有雄性激素,可以减少妈妈的雌激素,促进泌乳素分泌,显著提高乳汁质量。煲汤或是清炖吃下,效果明显。但是因为乳汁太多,所以乳腺不通或已经乳腺发炎的妈妈慎饮,必须先通乳才能饮此汤。煲汤时可以配合木耳、当归、黄芪等,增加营养,补气补血双管齐下。

做法

> 也可整鸡入锅,随自己喜好

1. 鸡去毛洗净,切块,与其他食材一起入锅。
2. 大火煮开后转小火煲至鸡肉酥烂,筷子能轻松戳穿鸡肉即可。

公鸡	1只
木耳	适量
当归	2~3片
黄芪	3~5片
姜片	适量
葱段	适量

青木瓜鲫鱼汤

青木瓜外形好似大乳房，切开后切面泌出白色汁液，好像乳汁，非常神奇。青木瓜鲫鱼汤也是典型的丰盈乳汁的菜肴。也可以用鲤鱼代理。常喝此汤，乳汁会如汤色般雪白，而且因为脂肪含量少，妈妈们也不用担心肥胖。

做法

1. 青木瓜去皮，切片。
2. 姜切片，葱切段，与鲫鱼一同下锅煎，鱼要两面煎。 〔这样做是为了去腥〕
3. 煎鱼的同时汤锅烧水，水开，将煎好的热鱼与青木瓜一同入水炖煮。
4. 炖至汤色雪白即可关火。

鲫鱼　　1只
青木瓜　半个
姜、葱　少许
米酒　　适量

1 2 3 4

问题5：产后便秘，有宿便

月子里饮食营养富裕，加之因产道有伤口，产妇需要多卧床休息，所以肠道蠕动缓慢，极易发生便秘。便秘会导致毒素积累，新陈代谢受阻，因而肤色暗沉、脂肪堆积，甚至造成痔疮、脱肛等后遗症。饮食结构的合理性很重要，并非高能量的食物才对人体有益，多食蔬果、杂粮，其中的膳食纤维有助于带走体内污物、清理肠道油脂、维持正常生理机能。

糙米山药粥

糙米是我在结婚前减肥时爱上的一种食材,相比于精米,它富含更多的维生素、氨基酸和膳食纤维,瘦身通便,着急身材走样的新妈妈一定要试试。别看有一层皮,烹饪后口感丝毫不会粗糙,反而咀嚼时有爆浆感,米香扑鼻。混合山药、枸杞一同煲粥,可减肥瘦身,排除水肿。

做法

> 不能全部用糙米煮,搭配精米,口感更好

1. 糙米和精米一同淘洗,山药切粒。
2. 米中加水大火煮,水开后转小火,不时搅动,防止锅糊底。
3. 煮到精米快开花时加入山药粒和枸杞。

> 不加山药和枸杞,或不加糙米单做山药粥,都是可以的

4. 再次沸腾后即可出锅。

糙米	半碗
精米	1 碗
山药	1 块
枸杞	10 颗

▶ 1 2 3 4 ▶

170 **月食纪**
月子里的 76 道美味营养餐

红薯芋头糖水

红薯、芋头,虽然价格便宜,可却是好东西。红薯位居抗癌食物榜第一位,而芋头也是抗癌的碱性食物,常食对心脏有好处,还能防止糖尿病、消除水肿、通便宽肠。红薯和芋头一起切块炖一款甜汤,不仅营养翻倍,味道还不错呢。

做法

> 发芽了的红薯和芋头千万不要吃

1. 红薯、芋头去皮切块。
2. 放入煮锅中,加足够水及适量冰糖,大火炖煮。
3. 水滚后转小火,炖至红薯、芋头熟软,出锅即成。

红薯　　1~2个
荔浦芋头　1个
冰糖　　适量

1 2 3 4

问题 6：乳汁不下不通

承担哺乳任务的妈咪，产后不能急于发奶，首先要保证乳腺畅通。如果急于求成地发奶，只会增加自己胀奶、结硬块的痛苦，并且提高罹患乳腺炎的概率。除了按摩、热敷可以通乳腺外，有的食材也能够快速疏通腺路，增加开放的乳腺数量，减少哺乳的痛楚，这些食材除了丝瓜、牛鼻子外，还有通草和王不留行，后两者在中药铺可以买得到。

通草鲫鱼汤

通草是干燥的脱通木的茎髓，雪白，柔韧，有弹性，空心，味淡，熬煮汤汁几乎没有药味，用于治疗乳汁不下。很多妈妈产后始终不出初乳，或是乳汁极少，只有几滴，喝两剂通草汤即可迅速开放乳腺，排出初乳。排空乳腺后才能刺激乳汁不断分泌。

做法

> 鲫鱼腹内黑膜要去掉，重金属多残留于此

1. 鲫鱼去鳞净膛，姜切片，葱切段，与鲫鱼一同放入油锅中煎炸，鱼要煎两面。
2. 将煎好的鱼和葱姜立刻投入滚水中炖汤，加入通草同炖。

> 热鱼入热水，这样熬出的汤汁才浓白

3. 炖至汤色乳白，捞出通草弃之，喝汤吃鱼。

通草　10克
鲫鱼　1条
姜、葱　适量

王不留行乌鸡汤

王不留行对乳汁不下不通、乳痈肿痛有良好的改善效果。中药铺可以买到爆米花样的王不留行，炖煮汤品时加一点，会有一股焦香味，很好喝。

做法

> 鸡屁股脏、鸡脖子淋巴多，建议都去掉

1. 乌鸡去毛，去掉屁股和脖子上的皮肤，与枸杞、王不留行、姜片和葱段一同放入高压锅，加水没过食材，盖上盖子开大火煮。
2. 高压锅开始嘶嘶响的时候转小火炖20分钟。
3. 熄火，排气后出锅，即可吃肉喝汤。

乌鸡	1只
王不留行	10克
枸杞	少许
姜片	适量
葱段	适量

问题 7：腰疼腿疼，关节酸，尾椎痛

我承认我见过即便剖宫产后也能活蹦乱跳的妈妈，这是由于每个女性对于疼痛的耐受不同，体质也不同，但普遍来讲，大部分女性在产后或者更久的时间内会出现明显腰疼腿疼，以至于不能久坐、久躺、久站。这一点我是深有体会的，在月子中就感到腰部、脊椎隐痛，坐不得，躺不得，身体的不适导致恶劣的心情，总觉得自己一辈子就这样了。其实这源于生产过程中耗气失血、肾精亏虚。女人也要补肾。羊脊骨、猪腰、杜仲都可以通过食疗达到强肾健体的功效，不光月子里，甚至出了月子都可以喝。

当归羊脊骨汤

当归,性温和,补气血;羊脊骨,补肾,治疗肾虚腰痛。在中医里羊脊骨入药是要敲碎骨头的。现代科技有了高压锅,短短半小时,就可以把脊骨煲得咀嚼吞下完全没有问题,骨里含着髓,甚是入味。当然了,这道菜的前提是产妇热爱并且不嫌弃羊肉的膻味,当归可以适当盖掉腥膻。此款汤色微微发白,喝下去后脑门、后背都会泌出细汗来。

做法

1. 羊脊骨焯滚水去掉血沫。
2. 洗净后投入高压锅,加入姜片、葱段、当归、米酒和少许盐,加水没过食材。
3. 先大火煮至高压锅发出嘶嘶声后转小火,炖煮 30 分钟。
4. 熄火,稍冷后揭盖,撒几颗枸杞即成。

羊脊骨	1斤
当归	3~5片
枸杞	数颗
米酒	1小碗
盐	少许
姜片	适量
葱段	适量

▶ 1 2 3 4 ▶

杜仲腰片汤

杜仲是中国特有的一种树皮中药,有的人说这不是壮阳的嘛,女人也能吃?其实杜仲的功效不在壮阳,而在补肾,治疗腰腿痛、祛风湿。猪腰对肾虚所致的腰膝酸痛有一定效果。两者一同煲汤,喝不出中药的苦涩,却有种植物的清香。

做法

> 用于去除猪腰的腥臊味

1. 猪腰洗净,去白筋和衣膜,斜刀切片,与姜片一起泡清水20分钟。
2. 杜仲加水,小火炖煮片刻,捞出杜仲留下汤汁。
3. 杜仲汤中加米酒,大火烧开,放入腰片。 > 腰片入锅前要滤去水
4. 煮至腰片不见血丝,加少许盐调味即成。

杜仲	10克
猪腰	2个
米酒	适量
盐	少许
姜片	适量

1 2 3 4